全国高职高专规划教材·机械设计制造系列

CAXA 制造工程师 2011 实例教程

主　编　姬彦巧
参　编　孙曙光　赵长宽　茹丽妙　段　颖
　　　　刘　柯　文彦波　宋新颖　史立峰
主　审　丁仁亮

内容简介

本书是一本 CAD/CAM 软件应用教程，主要针对北京数码大方科技有限公司开发的"CAXA 制造工程师 2011"软件进行全面介绍。本书以项目为载体，以高职学生的认知规律为依据，采用由简单到复杂的规律设计教学项目和教学任务，并组织知识内容，尽量使每一个知识点都有实例可依，有项目可循，充分体现了"项目驱动、任务引领"的方式。本书精选了 6 个项目，20 多个任务，内容涵盖 CAXA 制造工程师 2011 软件常用的造型、绘图和自动编程等。

本书既可作为高职高专、中等职业技术学校数控技术应用专业及相关专业的教学用书，也可作为有关行业的岗位培训用书。

图书在版编目(CIP)数据

CAXA 制造工程师 2011 实例教程/姬彦巧主编．—北京：北京大学出版社，2012.1
（全国高职高专规划教材·机械设计制造系列）
ISBN 978-7-301-20024-7

Ⅰ. ①C… Ⅱ. ①姬… Ⅲ. ①机械设计－软件包，CAXA 2011－高等职业教育－教材 Ⅳ. ①TH122

中国版本图书馆 CIP 数据核字（2011）第 278190 号

书　　　　名：	CAXA 制造工程师 2011 实例教程
著作责任者：	姬彦巧　主编
策 划 编 辑：	温丹丹
责 任 编 辑：	温丹丹
标 准 书 号：	ISBN 978-7-301-20024-7/TH · 0283
出 版 发 行：	北京大学出版社
地　　　　址：	北京市海淀区成府路 205 号　100871
电　　　　话：	邮购部 62752015　发行部 62750672　编辑部 62765126　出版部 62754962
网　　　　址：	http://www.pup.cn
电 子 信 箱：	zyjy@pup.cn
印　　刷　者：	三河市博文印刷有限公司
经　　销　者：	新华书店
	787 毫米×1092 毫米　16 开本　11.5 印张　280 千字
	2012 年 1 月第 1 版　2016 年 8 月第 4 次印刷
定　　　　价：	23.00 元

未经许可，不得以任何方式复制或抄袭本书之部分或全部内容。

版权所有，侵权必究

举报电话：010-62752024　电子信箱：fd@pup.pku.edu.cn

前　言

CAXA 制造工程师软件和 CAXA 数控车软件是北京数码大方科技有限公司优秀的 CAD/CAM 软件，广泛应用于装备制造、电子电器、汽车及零部件、国防军工、工程建设、教育等各个行业，具有技术领先、全中文、易学、实用等特点，非常适合工程设计人员和数控编程人员使用。

本书从数控自动编程的实际出发，以典型实例为导向，详细介绍了 CAXA 制造工程师 2011 软件的基本操作和典型应用。本书共分 6 个项目，主要介绍了 CAXA 制造工程师 2011 软件的线架造型设计、曲面造型设计、实体造型设计、平面类零件的数控铣自动编程、曲面类零件的数控铣自动编程和数控机床加工仿真。

为了方便初学者学习，本书以项目为载体，以高职学生的认知规律为依据，采用由简单到复杂的规律设计教学项目和教学任务，并组织知识内容，尽量使每一个知识点都有实例可依，有项目可循，充分体现了"项目驱动、任务引领"的方式。读者可以循序渐进，轻松掌握该软件的操作，本书部分例题和练习题选用了数控中级工、数控高级工、数控工艺员和数控大赛的考题。通过系统的学习和实际操作，可以达到相应的技术水平。

本书面向具有一定制图和机械加工知识的工程技术人员、数控加工人员和在校学生，是在结合编者多年的 CAD/CAM 软件使用和教学等经验的基础上编写而成的。

本书编写人员有：孙曙光（项目1）、段颖（项目2 任务1）、刘柯（项目2 任务2）、文彦波（项目2 任务3）、宋新颖（项目2 任务4、附录）、赵长宽（项目3 任务1～任务5）、茹丽妙（项目3 任务6）、姬彦巧（项目4、项目5、项目2 任务5 以及所有的项目训练实例）、史立峰（项目6）。

本书由姬彦巧任主编，丁仁亮任主审，在编写过程中，得到了北京数码大方科技有限公司和 CAXA 东北大区有关人员的大力支持，在此表示衷心的感谢！

由于编者水平有限，时间仓促，书中不足之处在所难免，欢迎广大读者和业内人士予以批评指正。

编　者
2012 年 1 月

目 录

项目1 线架造型设计 ··· 1
    任务1 创建二维线架图形 ··· 1
    任务2 创建三维线架图形 ·· 10
项目2 曲面造型设计 ·· 16
    任务1 创建直纹面 ·· 16
    任务2 创建旋转面 ·· 23
    任务3 创建导动面 ·· 25
    任务4 创建扫描面 ·· 35
    任务5 曲面造型综合实例 ·· 45
项目3 实体造型设计 ·· 56
    任务1 拉伸造型设计 ·· 56
    任务2 旋转造型设计 ·· 63
    任务3 导动造型设计 ·· 71
    任务4 放样造型设计 ·· 76
    任务5 实体造型综合实例 ·· 79
    任务6 实体曲面复合造型设计 ·· 84
项目4 平面类零件的数控铣自动编程 ·· 92
    任务1 外凸台零件的数控铣削自动编程 ·· 92
    任务2 凹盘零件的数控铣削自动编程 ·· 114
项目5 曲面类零件的数控铣自动编程 ·· 128
    任务1 等高线加工 ·· 128
    任务2 导动线加工 ·· 135
    任务3 扫描线粗加工和三维偏置精加工 ·· 144
    任务4 综合加工实例——花盘的加工 ··· 148
项目6 数控机床加工仿真 ·· 169
附录 ··· 176
参考文献 ·· 178

项目 1　线架造型设计

知识目标
通过本项目的学习,能够利用 CAXA 制造工程师软件进行二维和三维曲线图形的设计,主要掌握曲线生成、曲线编辑和几何变换中各种功能的应用方法。

技能目标
1. 学会利用曲线生成、曲线编辑和几何变换的命令设计二维线架图形。
2. 学会利用曲线生成、曲线编辑和几何变换的命令设计三维线架图形。

项目描述
点、线的绘制,是线架造型和实体造型的基础。CAXA 制造工程师软件为"草图"或"线架"的绘制提供了 10 多项功能:直线、圆弧、圆、椭圆、样条、点、文字、公式曲线、多边形、二次曲线、等距线、曲线投影、相关线等。利用这些功能可以方便地设计出各种复杂的草图与三维线架图形。

任务 1　创建二维线架图形

【任务要求】　绘制如图 1-1 所示的二维零件图形(不绘制点画线,不标注尺寸)。

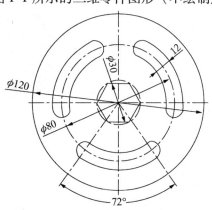

图 1-1　三维零件图形

1.1.1 知识准备

CAXA 制造工程师 2011 是北京数码大方科技有限公司开发的系列软件之一，目前广泛地应用于塑模、锻模、拉伸模等复杂模具的生产，以及汽车、电子、兵器、航空航天等行业的精密零部件加工。

1. CAXA 制造工程师软件的造型方法

CAXA 制造工程师软件提供了线框、曲面、实体和特征造型建立几何模型，其中实体造型和特征造型比较方便简单、易于理解和掌握。

（1）线框造型

线框造型就是用零件的特征点和特征线来表达二维、三维零件形状的造型方法。如图 1-2 所示，给定空间坐标点 A、B、C、D、E、F、G、H，按一定顺序将它们连接成线，即可生成长方体的线架模型。

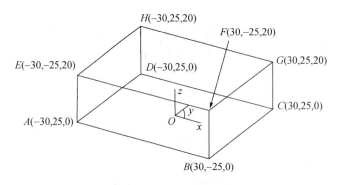

图 1-2 线框造型示例

（2）曲面造型

曲面造型就是使用各种数学曲面方程来表达零件形状的造型方法。如图 1-3 所示，曲线绕着直线旋转 360°生成花瓶造型。这种造型方法复杂，主要适用于复杂零件的外形设计。

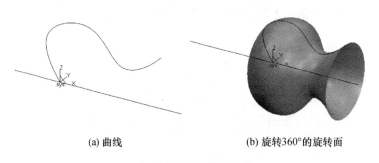

(a) 曲线　　　　　　　　(b) 旋转360°的旋转面

图 1-3 曲面造型示例

（3）实体造型

实体造型就是二维平面图形所围成的区域沿着指定的方向运动一定距离，从而生成零件的造型方法。如图 1-4 所示，长方形所围成的区域沿 +Z 方向运动 20 mm 生成长方体，这种造型方法学习起来很容易，形成的图形生动形象，使用起来也很方便，是 CAD/CAM 软件发展的趋势。

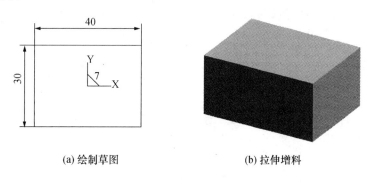

(a) 绘制草图　　　　　　(b) 拉伸增料

图 1-4　"拉伸增料"实体造型示例

（4）特征造型

特征造型就是利用各种标准特征生成零件的造型方法，如孔、倒角、倒斜角、抽壳等。如图 1-5 所示，创建矩形倒角、倒斜角和抽壳特征。

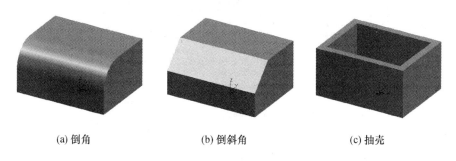

(a) 倒角　　　　　　(b) 倒斜角　　　　　　(c) 抽壳

图 1-5　特征造型示例

以上几种造型方法各具特色，既可独立使用，也可混合使用。一般要根据零件形状特点选择其中几种方法混合起来使用进行造型，通常以实体造型和特征造型为基础，以线框造型和曲面造型设计复杂表面作为必要补充。

2. CAXA 制造工程师软件的界面

（1）启动 CAXA 制造工程师软件

启动 CAXA 制造工程师有两种方法：一是从"开始"菜单启动，如图 1-6 所示；二是双击 Windows 桌面上的"CAXA 制造工程师"图标启动。

图 1-6　"开始"菜单启动软件

（2）CAXA 制造工程师软件的界面

启动 CAXA 制造工程师软件后，将出现软件界面，如图 1-7 所示。

① 主菜单：集成了软件"造型"和"加工"等有关的命令和操作，用鼠标单击某项，弹出的菜单成为下拉菜单。

② 立即菜单：某些具体命令启动后，将出现立即菜单，立即菜单描述了该项命令执

行情况和使用条件。

③ 工具栏：是一组按钮工具的集合。鼠标指向某个按钮，稍停片刻将显示该按钮所代表的命令，单击该按钮（按钮处于凹下状态）则启动命令，出现对应的立即菜单，此时状态栏中将出现操作提示。

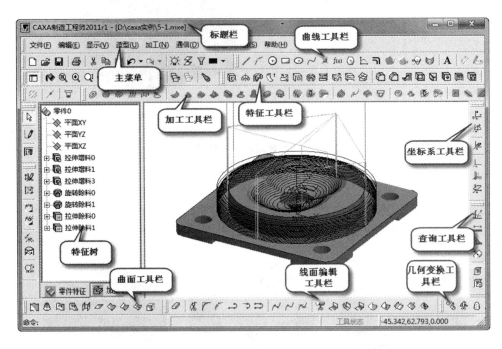

图 1-7　CAXA 制造工程师软件界面

④ 状态栏：状态栏提示区显示与操作相关的一些信息。
⑤ 绘图区：在绘图区中绘制和显示图形。
⑥ 特征树/加工管理树：单击"零件特征"按钮 ，该按钮凸起，此时将显示特征树，特征树上记载着零件造型过程的所有特征信息；单击"加工管理"按钮 ，该按钮凸起，此时将显示加工管理树，加工管理树上记载着零件加工的所有特征信息。

1.1.2　绘制二维线架实例图形

1. 常用的命令

CAXA 制造工程师 2011 提供了直线、圆弧、圆、矩形、椭圆、样条曲线、点、公式曲线、正多边形、二次曲线、等距线、曲线投影、相关线和样条线转圆弧 14 种曲线生成功能，如图 1-8 和表 1-1 所示。

图 1-8　曲线生成工具栏

表1-1 曲线生成命令

功 能	绘制方式
直线	"两点线"、"平行线"、"角度线"、"切线/法线"和"水平/铅垂线"
矩形	"两点"、"中心_长_宽"
圆	"两点_半径"、"三点"、"圆心_半径"
圆弧	"三点圆弧"、"圆心_起点_圆心角"、"圆心_半径_起终角"、"两点_半径"、"起点_终点_圆心角"、"起点_半径_起终角"
点	"单个点"、"批量点"
椭圆	按给定的参数绘制椭圆或椭圆弧
样条曲线	生成过给定顶点（样条插值点）的样条曲线，有"逼近"和"插值"两种方式
公式曲线	根据数学表达式或参数表达式绘制样条曲线
正多边形	在给定点处绘制一个给定半径，给定边数的正多边形
等距线	绘制给定曲线的等距线，有"组合曲线"和"单根曲线"两种方式
相关线	绘制曲面或实体的"交线"、"边界线"、"参数线"、"法线"、"投影线"、"实体边界"
文字	在当前平面或其平行平面上绘制文字形状的图线

2. 曲线编辑

CAXA制造工程师提供了多种曲线编辑功能，主要包括：曲线裁剪、曲线过渡、曲线打断、曲线组合、曲线拉伸、曲线优化、样条编辑，如表1-2和图1-9所示。这些曲线编辑功能可以有效地提高作图的速度。

表1-2 曲线编辑命令

功 能	绘制方式
曲线裁剪	使用曲线做剪刀，裁掉曲线上不需要的部分。裁剪共有四种方式："快速裁剪"、"线裁剪"、"点裁剪"、"修剪"
曲线过渡	用于在两根曲线之间进行给定半径的圆弧光滑过渡
曲线组合	曲线组合用于把拾取到的多条相连曲线组合成一条样条曲线。曲线组合有两种方式："保留原曲线"和"删除原曲线"
曲线拉伸	曲线拉伸用于将指定曲线拉伸到指定点。拉伸有"伸缩"和"非伸缩"两种方式。伸缩方式就是沿曲线的方向进行拉伸；而非伸缩方式是以曲线的一个端点为定点，不受曲线原方向的限制进行自由拉伸
曲线优化	对控制顶点太密的样条曲线在给定精度范围内进行优化处理，减少其控制顶点
样条编辑	已经生成的样条进行修改，编辑样条的型值点

图1-9 线面编辑工具栏

3. 几何变换

几何变换是指对线、面进行变换，对造型实体无效，而且几何变换前后线、面的颜色、图层等属性不发生变换。几何变换共有 7 种功能：平移、平面旋转、旋转、平面镜像、镜像、阵列和缩放，如表 1-3 和图 1-10 所示。

表 1-3 几何变换命令

功 能	绘制方式
平移	对拾取到的曲线或曲面进行平移或复制。平移有两种方式："两点"、"偏移量"
平面旋转	对拾取到的曲线或曲面进行同一平面上的旋转或旋转复制
旋转	对拾取到的曲线或曲面进行空间的旋转或旋转复制
平面镜像	对拾取到的直线或曲面以某一条直线为对称轴，进行同一平面内的对称镜像或对称复制
镜像	对拾取到的直线或曲面以某一条平面为对称面，进行空间对称镜像或对称复制
阵列	对拾取到的曲线或曲面，按圆形或矩形方式进行阵列复制。可分为"圆形"和"矩形"两种方式
缩放	对拾取到的曲线或曲面按比例放大或缩小。缩放有"复制"和"移动"两种方式

图 1-10 几何变换工具栏

4. 绘制过程

① 按 F5 键，选择 XY 平面作为绘图平面，单击"圆"按钮，选择"圆心_半径"方式。按字母键"S"，拾取坐标圆点，按回车键，输入半径"30"，单击；输入半径"80"，单击；输入半径"120"，单击，结果如图 1-11 所示。

注意： 在立即菜单中输入数值后，必须按"回车"键，或者右击确认，否则，将导致光标不能正确显示，无法进行下一步操作。

② 单击"正多边形"按钮，在立即菜单中选择"中心"方式、"边数"为"6"以及"内接"，按回车键，在弹出的对话框中输入坐标（15，0，0）绘制圆内接正六边形，绘制结果如图 1-12 所示。

③ 绘制夹角为 72°的角度线。单击"直线"按钮，选择"角度线"、"Y 轴夹角"、"角度"为"36"，绘制第一条直线；选择"角度线"、"Y 轴夹角"、"角度"为"-36"绘制第二条直线。绘制结果如图 1-13 所示。

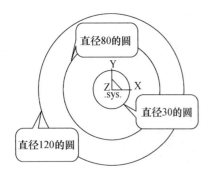
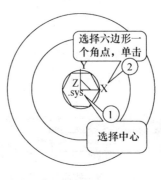
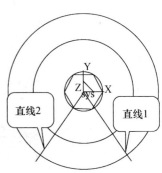

图 1-11 绘制圆　　　图 1-12 绘制内接六边形　　　图 1-13 绘制 72°角的两边

④ 绘制和 φ12 的圆。单击"圆"按钮⊙，选择"圆心_半径"方式，分别拾取交点 1，输入半径"6"，绘制第一个圆，拾取交点 2 绘制第二个圆，结果如图 1-14 所示。

⑤ 绘制和 φ12 的圆相切的两个圆。单击"圆"按钮⊙，选择"圆心_半径"方式，拾取坐标圆点后，按空格键，弹出快捷菜单选择"T 切点"，拾取 φ12 圆中靠近 φ30 圆的一个点单击后，绘制第一个圆；拾取 φ12 圆中远离 φ30 圆的一个点单击后，绘制第二个圆。如图 1-15 所示，绘制结束后，按空格键，弹出快捷菜单选择"S 缺省点"选项。

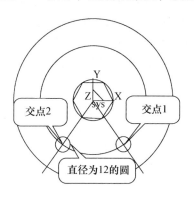

图 1-14　绘制 φ12 的两个小圆

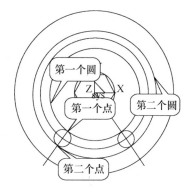

图 1-15　绘制两个圆

⑥ 单击"删除"按钮⊘，拾取 φ30、φ80 的圆、夹角为 72°的两条边，右击删除，结果如图 1-16 所示。

⑦ 单击"曲线裁剪"按钮，选择"快速裁剪"、"正常裁剪"，拾取需要裁剪的部分，图 1-16 所示，裁剪结果如图 1-17 所示。

注意：操作部分，如果曲线不能被裁剪，使用删除命令，将多余的曲线删除。

⑧ 单击"阵列"按钮，选择"圆形"、"均布"、"份数"为"3"、"轨迹坐标系不变换"，拾取要阵列的元素右击，输入要阵列的中心点后，单击，获得如图 1-18 所示的图形。

注意：曲线编辑的主要功能是对已有的曲线进行修改；几何变换的主要功能是对图线进行定位和复制新的图线；曲线的绘制功能可分为两类，即基本绘图功能（如直线、圆、圆弧、样条曲线）和增强绘图功能（如矩形、正多边形、椭圆等），增强绘图功能是为提高绘图效率而提供的。在绘制图形时，只要条件合适，就应该更多地使用这些功能。

图 1-16　删除曲线

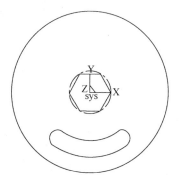

图 1-17　裁剪曲线

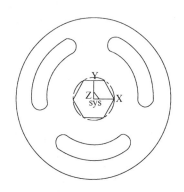

图 1-18　曲线阵列

相关知识

1. 当前平面

当前平面是指当前的作图平面,是当前坐标系下的坐标平面,即 XY 面、YZ 面、XZ 面中的某一个,可以通过 F5、F6、F7 3 个功能键进行选择。系统会在确定作图平面的同时,调整视向,使用户面向该坐标平面,也可以通过 F9 键,在三个坐标平面间切换当前平面。系统使用连接两坐标轴正向的斜线标示当前平面,如图 1-19 所示。

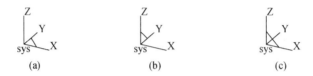

图 1-19　当前坐标平面的表示方法

2. 点的输入方法

点输入的方式有:键盘输入坐标和鼠标捕捉两种。键盘输入就是利用键盘输入已知坐标的点,鼠标输入就是利用鼠标捕捉图形对象的特征点。

(1) 键盘输入

键盘输入的是已知坐标的点,其操作方法有如下两种:

① 按下回车键,系统在屏幕中心位置弹出数据输入框,通过键盘输入点的坐标值,系统将在输入框内显示输入的内容;再按下回车键,完成一个点的输入。

② 利用键盘直接输入点的坐标值,系统在屏幕中心位置弹出数据输入框,并显示输入内容,输入完成后,按下回车键,完成一个点的输入。

注意:利用方法②进行输入时,尽管省略了回车键的操作,但是使用省略方式输入数据第一位时,该方法无效。

(2) 坐标的表达方式

① 用"绝对坐标"表达:即相对于当前坐标原点的坐标值。

② 用"相对坐标"表达:后面的坐标值相对于当前点的坐标。

③ 用"函数表达式"表达:将表达式的计算结果,作为点的坐标值输入。如输入坐标 122/2,30*2,120*sin(30),等同于输入了计算后的坐标值"61,60,60"。

(3) 完全表达和不完全表达

① 完全表达:即将 X、Y、Z 三个坐标全部表示出来,数字间用逗号分开,如"20,30,50"代表坐标 X=20,Y=30,Z=50 的点。

② 不完全表达:即 X、Y、Z 三个坐标的省略方式,当其中一个坐标值为零时,该坐标可以省略,其间用逗号分开。例如,坐标"20,0,0"可表示为"20,,";坐标"30,0,50"可表示为"30,0,50";坐标"0,0,70"可表示为",,70"。

3. 工具菜单

CAXA 制造工程师提供了点工具菜单、矢量工具菜单、选择集拾取工具菜单和串联拾取工具菜单 4 种工具菜单，如图 1-20 所示。

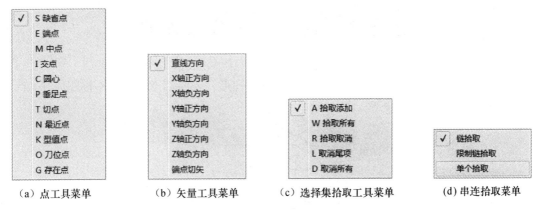

(a) 点工具菜单　　(b) 矢量工具菜单　　(c) 选择集拾取工具菜单　　(d) 串连拾取菜单

图 1-20　工具菜单

1.1.3　归纳总结

在本任务中，主要说明了采用曲线生成、曲线编辑和几何变换的命令绘制空间二维零件图，通过本任务的学习，掌握空间点的输入、直线、圆、圆弧等的绘制以及曲线的几何变换和编辑方法。

1.1.4　巩固提高

按照上述的绘图方式，绘制如图 1-21 所示的二维零件图形。（不绘制点画线，不标注尺寸。）

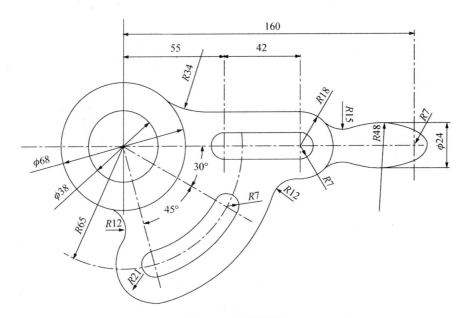

图 1-21　零件图形

任务 2　创建三维线架图形

【任务要求】　绘制如图 1-22 所示的三维零件图形（不绘制点画线，不标注尺寸）。

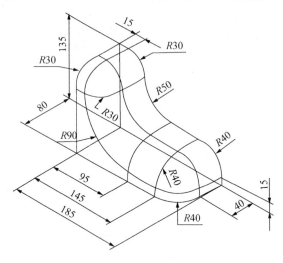

图 1-22　三维零件图形

1.2.1　知识准备

三维曲线绘制是在三维空间构筑三维模型的线条，它们是曲面造型的基础。

1.2.2　绘制三维线架零件图形

1. 图形分析

通过分析图 1-22 所示的图形，可以发现图形几乎都是由直线和圆弧组成，直线的绘制方法可由直线命令的"两点线"、"平行线"等来绘制。圆弧的绘制可以直接采用"圆弧"、"圆"和"曲线过渡"命令来完成。

2. 绘制过程

【步骤 1】　绘制直线图形

① 按 F5 键。单击"直线"按钮 ✓，选择"两点线"中的"连续"、"正交"、"点方式"绘制直线。② 拾取坐标原点作为直线的第一点，输入"185，0，0"后，按回车键；输入"185，-80，0"后，按回车键，输入"0，-80，0"后，按回车键，拾取原点后，按回车键。绘制一个矩形。③ 输入"0，0，135"后，按回车键，输入"0，-80，135"后，按回车键，按 F6 键后，拾取点"0，-80，0"后，按回车键，绘制第二个矩形，绘制结果如图 1-23 所示。

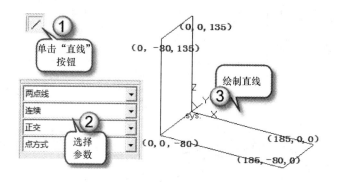

图 1-23　绘制两个矩形

【**步骤 2**】　利用"等距线"绘制直线

① 按 F5、F8 键，单击"等距线"按钮 ，选择"单根曲线"、"等距"、"距离"为"95"，再选择"直线 0"，选择箭头确定等距方向，得到"直线 1"。同样方法，输入"距离"为"145"，绘制"直线 2"。② 按 F6、F8 键，输入"距离"为"105"，绘制"直线 3"，如图 1-24 所示。

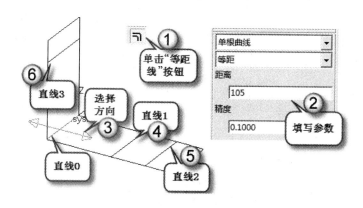

图 1-24　绘制等距线

【**步骤 3**】　利用"平移"绘制图形

① 单击"平移"按钮 ，选择"偏移量"、"拷贝"、"DX = 0、DY = 0、DZ = 15"，拾取要偏移的"系列曲线 0"后，单击，获得"系列曲线 1"。② 选择"偏移量"、"拷贝"、"DX = 0、DY = 0、DZ = 55"，拾取要偏移的"系列曲线 0"，单击，获得"系列曲线 2"。③ 按 F6 键，选择"偏移量"、"拷贝"、"DX = 15、DY = 0、DZ = 0"，拾取要偏移的"系列曲线 00"，单击，获得"系列曲线 01"④ 选择"偏移量"、"拷贝"、"DX = 45、DY = 0、DZ = 0"，拾取要偏移的"系列曲线 00"，单击，获得"系列曲线 02"。绘制结果如图 1-25 所示。

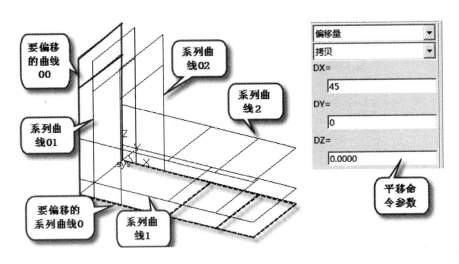

图 1-25 "平移"绘制图形

【步骤4】 利用直线命令连接两点

单击"直线"按钮，选择"两点线"中的"连续"、"非正交"绘制直线，如图 1-26 所示。

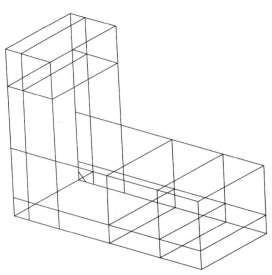

图 1-26 绘制直线

【步骤5】 利用"曲线过渡"绘制圆弧

① 单击"曲线过渡"按钮，选择"圆弧过渡","半径"为"40","裁剪曲线 1"、"裁剪曲线 2"，拾取圆弧过渡边，结果如图 1-27 中的"圆弧 1"。② 输入"半径"为"30"，拾取圆弧过渡边，结果如图 1-27 中的"圆弧 2"。③ 修改"半径"为"50"，拾取圆弧过渡边，结果如图 1-27 中的"圆弧 3"。④ 输入"半径"为"90"，拾取圆弧过渡边，绘制如图 1-27 中的"圆弧 4"。

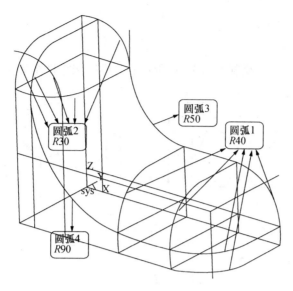

图 1-27 绘制圆弧

【步骤6】 删除曲线

单击"删除"按钮，拾取要删除的曲线，右击，结果如图 1-28 所示。

【步骤7】 利用"平移"绘制曲线

单击"平移"按钮，选择"偏移量"、"拷贝"、"DX=0、DY=-40、DZ=0"，拾取要偏移的"曲线"，单击，得到如图 1-29 所示的图形。文件保存为 1-2.mxe。

注意：在三维线架的绘制过程中，利用立即菜单或者快捷键 F5、F6、F7 在 3 个坐标平面内变换。

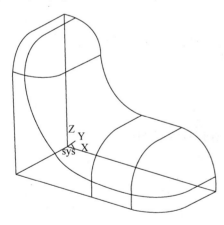

图 1-28 删除多余曲线

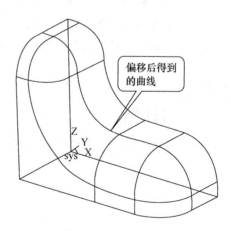

图 1-29 绘制的结果

1.2.3 归纳总结

在本任务中，主要说明了利用曲线生成、曲线编辑和几何变换的各种命令，来绘制三维的空间线架，通过本任务的学习，能够对中等难度的空间图形进行线架造型设计。

1.2.4 巩固提高

按照上述的绘图方式，绘制如图 1-30 所示的三维线架零件图形。

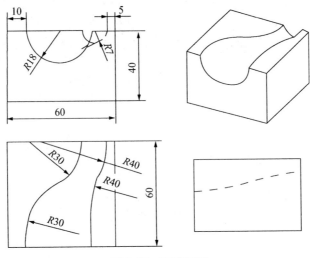

图 1-30　零件图形

 项目小结

所谓线架造型，就是直接使用空间的点、直线、圆、圆弧、样条等曲线的造型方法。通过本项目主要掌握以下内容。

（1）直线、圆弧、圆、椭圆、样条、点、公式曲线、多边形、二次曲线、等距线、曲线投影、相关线和文字等功能的应用。

（2）曲线裁剪、曲线过渡、曲线打断、曲线组合、曲线拉伸等曲线编辑功能。

 项目训练

通过零件的三维线架绘制方式，绘制图 1-31～图 1-37 零件图形。

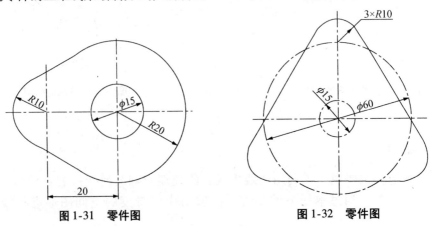

图 1-31　零件图　　　　　　图 1-32　零件图

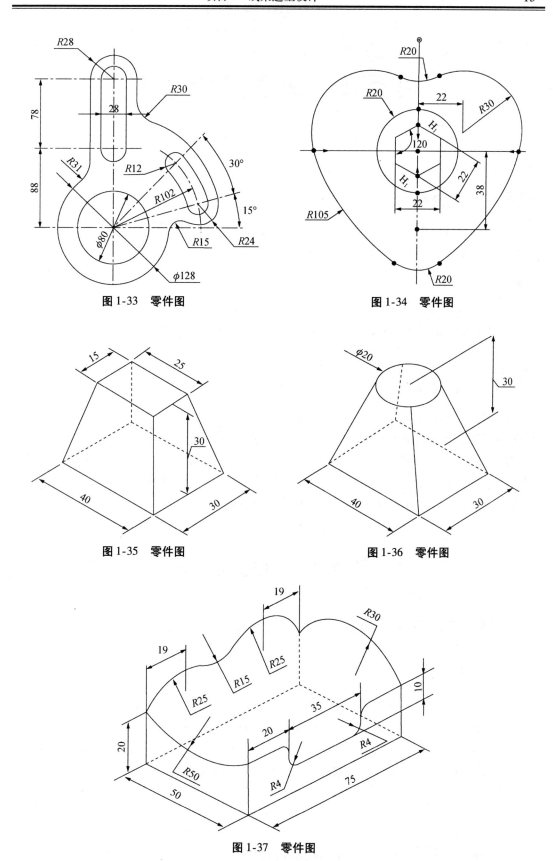

图 1-33 零件图

图 1-34 零件图

图 1-35 零件图

图 1-36 零件图

图 1-37 零件图

项目 2　曲面造型设计

知识目标

通过本项目的学习，能够利用 CAXA 制造工程师软件进行曲面造型的设计，主要掌握曲面生成与曲面编辑的各种命令的应用方法。

技能目标

学会利用曲面的生成和曲面编辑各种命令绘制中等难度的曲面图形。

项目描述

CAXA 制造工程师提供了丰富的曲面造型手段，通过构造决定曲面形状的关键线框，可在线框基础上，选用各种曲面的生成和编辑方法，构造所需要定义的曲面来描述零件的外表面。曲面生成方式有 10 种：直纹面、旋转面、扫描面、边界面、放样面、网格面、导动面、等距面、平面和实体表面。曲面编辑的方式有 7 种：曲面裁剪、曲面过渡、曲面拼接、曲面缝合、曲面延伸、曲面优化和曲面重拟合。

任务 1　创建直纹面

【任务要求】　应用"直纹面"命令，绘制如图 2-1 所示的曲面图。

2.1.1　知识准备

直纹面是由一根直线两端点分别在两曲线上匀速运动而形成的轨迹曲面。直纹面生成有 3 种方式："曲线 + 曲线"、"点 + 曲线"和"曲线 + 曲面"。

单击"直纹面"按钮 ▢ 或执行"造型"→"曲面生成"→"直纹面"命令，在立即菜单中选择直纹面生成方式，按状态栏的提示操作，生成直纹面。

1. 曲线 + 曲线

（1）功能

"曲线 + 曲线"是指在两条自由曲线之间生成直纹面。

(2)操作

① 单击"直纹面"按钮 ；② 选择"曲线+曲线"方式；③ 拾取第一条空间曲线；④ 拾取第二条空间曲线；⑤ 拾取完毕立即生成直纹面。其操作过程如图2-2所示。

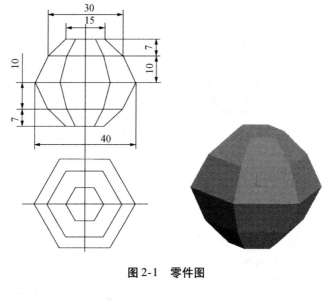

图2-1 零件图

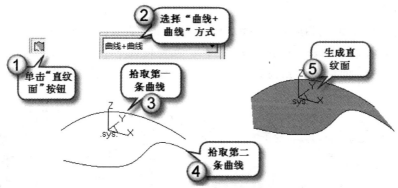

图2-2 "曲线+曲线"直纹面的操作过程

注意：

① 生成方式为"曲线+曲线"时，在拾取两条曲线时应注意拾取点的位置，应拾取两条曲线的同侧对应位置；否则将使两条曲线的方向相反，生成的直纹面发生扭曲。

② 生成方式为"曲线+曲线"时，如系统提示"拾取失败"，可能是由于拾取设置中没有这种类型的曲线。解决方法是单击"设置"菜单中的"拾取过滤设置"菜单项，在"拾取过滤设置"对话框的"图形元素的类型"中单击"选中所有类型"按钮即可。

2. 点+曲线

(1) 功能

"点+曲线"是指在一个点和一条曲线之间生成直纹面。

(2) 操作

① 单击"直纹面"按钮 ；② 选择"点+曲线"方式；③ 拾取空间点；④ 拾取空

间曲线；⑤ 拾取完毕立即生成直纹面。其操作过程如图 2-3 所示。

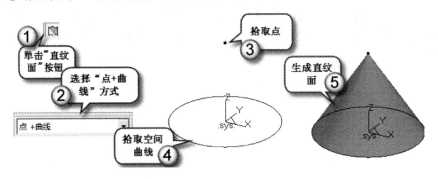

图 2-3 "点 + 曲线"直纹面的操作过程

3. 曲线 + 曲面

（1）功能

"曲线 + 曲面"指在一条曲线和一个曲面之间生成直纹面。"曲线 + 曲面"方式生成直纹面时，曲线沿着一个方向向曲面投影，同时，曲线与这个方向垂直的平面内上以一定的锥度扩张或收缩，生成另外一条曲线，在这两条曲线之间生成直纹面。

（2）操作

① 单击"直纹面"按钮，选择"曲线 + 曲面"方式；② 填写角度和精度；③ 拾取曲面；④ 拾取空间曲线；⑤ 输入投影方向，按空格键弹出矢量工具菜单，选择投影方向；⑥ 选择锥度方向；⑦ 单击箭头方向即可生成直纹面。其操作过程如图 2-4 所示。

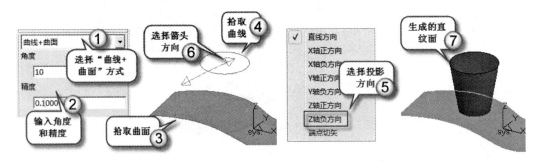

图 2-4 "曲线 + 曲面"直纹面的操作过程

注意：

① 生成方式为"曲线 + 曲面"时，输入方向时可利用矢量工具菜单。在需要这些工具菜单时，按空格键或鼠标中键可以弹出工具菜单。

② 生成方式为"曲线 + 曲面"时，当曲线沿指定方向，以一定的锥度向曲面投影作直纹面时，如曲线的投影不能全部落在曲面内时，直纹面将无法生成。

2.1.2 绘制过程

【步骤1】 绘制 3 个六边形

① 按 F5 键，单击"圆"按钮，拾取圆心，利用"圆心_半径"的方式，绘制

φ40、φ30、φ15 3个圆；② 单击"六边形"按钮，选择"中心"、"边数"为"6"、"内接"方式，拾取圆心作为六边形的中心，拾取圆弧上的特征点，确定六边形的位置；③ 按上述方式绘制3个六边形后，删除3个圆。绘制结果如图2-5所示。

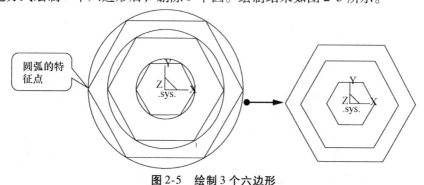

图2-5 绘制3个六边形

【步骤2】 移动六边形

① 按F8键，单击"平移"按钮，选择"偏移量"、"拷贝"、"DX=0，DY=0，DZ=17"拾取最小的六边形后，右击；② 修改参数"DZ=10"后，采用相同的方法，移动复制中间的六边形；③ 修改参数为"偏移量"、"移动"、"DX=0，DY=0，DZ=-17"后，采用相同的方法，移动最小的六边形；④ 修改参数"DZ=-10"后，采用相同的方法，移动中间的六边形；绘制结果如图2-6所示。

【步骤3】 绘制直纹面

① 单击"直纹面"按钮，选择"曲线+曲线"，拾取"曲线1"和"曲线2"后，立即生成"直纹面1"；② 按照同样的方法绘制"直纹面2"、"直纹面3"、"直纹面4"。绘制结果如图2-7所示。

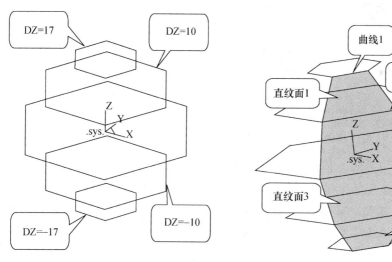

图2-6 移动六边形   图2-7 绘制4个直纹面

【步骤4】 阵列直纹面

单击"阵列"按钮，选择"圆形"、"均布"、"分数=6"、"轨迹坐标不变换"，依次拾取要阵列的4个直纹面，右击后，拾取原点作为中心点，直接获得阵列结果，如图2-8所示。

【步骤5】 绘制上下两个六边形平面

方法一：① 单击"直纹面"按钮 ![icon]，选择"点+曲线"，拾取"点"和"直线1"后，立即生成"直纹面1"；继续拾取"点"和"直线2"，生成"直纹面2"；继续拾取"点"和"直线3"，生成"直纹面3"；继续拾取"点"和"直线4"，生成"直纹面4"；4 个直纹面即可组合成上部六边形平面，如图 2-9 所示；② 按照同样方法绘制底面。

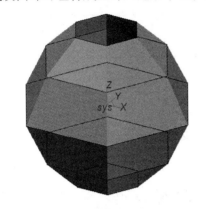

图 2-8 直纹面阵列

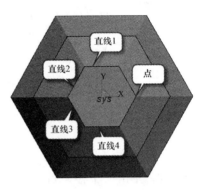

图 2-9 直纹面阵列

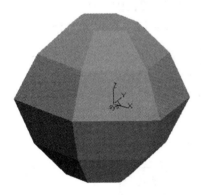

图 2-10 绘制结果

方法二：① 单击"平面"按钮 ![icon]；② 拾取六边形的外轮廓线，并确定链搜索方向，选择箭头方向即可；③ 拾取完毕，右击，完成顶面绘制。

【步骤6】 删除空间曲线

① 单击"拾取过滤器"按钮 ![icon]，单击 清除所有类型(C) 按钮，然后选中 ☑空间直线 后，单击"确定"按钮；② 单击"删除"按钮，选中图形中所有直线，右击删除所有直线；③ 单击"拾取过滤器"按钮 ![icon]，单击 选中所有类型(A) 按钮后，再单击"确定"按钮，结果如图 2-10 所示。

相关知识——平面

利用多种方式生成所需平面。平面与基准面的比较：基准面是在绘制草图时的参考面，而平面则是一个实际存在的面。

单击"平面"按钮 ![icon] 或执行"造型"→"曲面生成"→"平面"命令，在立即菜单中选择裁剪平面或者工具平面，按状态栏提示完成操作。

1. 裁剪平面

（1）功能
由封闭内轮廓进行裁剪形成的有一个或者多个边界的平面。封闭内轮廓可以有多个。

（2）操作
① 拾取平面外轮廓线，并确定链搜索方向，选择箭头方向即可；② 拾取内轮廓线，

并确定链搜索方向,每拾取一个内轮廓线确定一次链搜索方向;③ 拾取完毕,右击,完成操作,操作过程如图 2-11 所示。

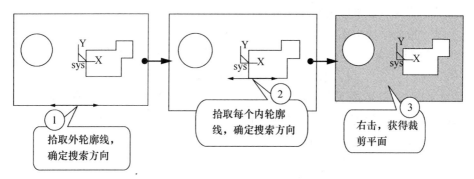

图 2-11 裁剪平面的生成过程

注意:

① 轮廓线必须是密封,内轮廓线不允许交叉。当拾取内轮廓线时,如果还有内轮廓线,继续选取,否则右击结束。拾取轮廓线时,可以按空格键选取"链拾取"、"限制链拾取"、"单个拾取"。

② 对于无内轮廓线外轮廓,可以直接选取外轮廓线,右击结束,生成平面。

2. 工具平面

(1) 功能

生成与 XOY 平面、YOZ 平面、ZOX 平面平行或成一定角度的平面。工具平面包括 XOY 平面、YOZ 平面、ZOX 平面、三点平面、矢量平面、曲线平面和平行平面 7 种方式。

(2) 操作

① 单击"平面"按钮 或执行"造型"→"曲面生成"→"平面"命令;② 选择"工具平面"方式,出现工具平面立即菜单;③ 根据需要选择工具平面的不同方式;④ 选择旋转轴,输入角度、长度、宽度等参数;⑤ 按状态栏提示完成操作。其操作过程如图 2-12 所示。

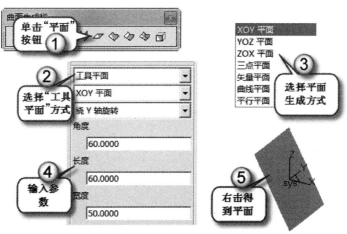

图 2-12 工具平面的生成过程

(3) 参数

【角度】：指生成平面绕旋转轴旋转，与参考平面所夹的锐角。

【长度】：指要生成平面的长度尺寸值。

【宽度】：指要生成平面的宽度尺寸值。

【XOY 平面】：绕 X 或 Y 轴旋转一定角度生成一个指定长度和宽度的平面。

【YOZ 平面】：绕 Y 或 Z 轴旋转一定角度生成一个指定长度和宽度的平面。

【ZOX 平面】：绕 Z 或 X 轴旋转一定角度生成一个指定长度和宽度的平面。

【三点平面】：按给定三点生成指定长度和宽度的平面，其中第一点为平面中点。

【曲线平面】：在给定曲线的指定点上，生成一个指定长度和宽度的法平面或切平面，有法平面和包络面两种方式。

【矢量平面】：生成一个指定长度和宽度的平面，其法线的端点为给定的起点和终点。

【平行平面】：按指定距离，移动给定平面或生成一个复制平面（也可以是曲面）。

注意：

① 生成的面为实际存在的面，其大小由给定的长度和宽度所决定。

② 三点决定一个平面，三点可以是任意面上的点。

③ 对于矢量平面，包络面的曲线必须为平面曲线。

2.1.3 归纳总结

本任务主要说明了"直纹面"3 种方式："曲线+曲线"、"点+曲线"和"曲线+曲面"。并利用一个实例任务对其中的两种应用方法进行了说明。

2.1.4 巩固提高

利用"直纹面"命令绘制图 2-13 所示的五角星曲面。

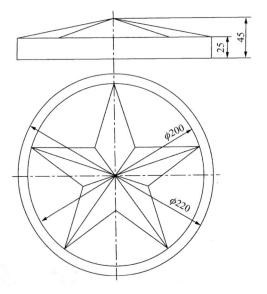

图 2-13　五角星曲面

任务2　创建旋转面

【**任务要求**】　应用"旋转面"命令，绘制如图 2-14 所示的曲面图形，要求起始角度为 0°，终止角度为 180°。

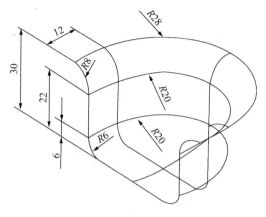

图 2-14　曲面图形

2.2.1　知识准备

（1）功能

按给定起始角度、终止角度，将曲线绕一旋转轴旋转而生成的轨迹曲面称为旋转面。

（2）操作

① 单击"旋转面"按钮 或执行"造型"→"曲面生成"→"旋转面"命令；② 输入起始角和终止角的角度值；③ 拾取空间直线为旋转轴，并选择方向；④ 拾取空间曲线为母线；⑤ 拾取完毕即可生成旋转面；⑥ 改变起始角和终止角，获得不同的旋转面，生成过程如图 2-15 所示。

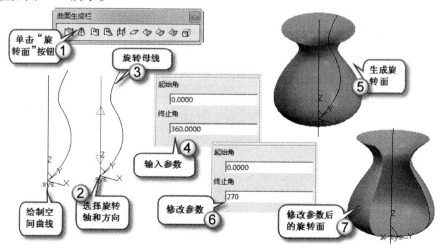

图 2-15　旋转面的生成过程

(3) 参数

【起始角】：是指生成曲面的起始位置与母线和旋转轴构成平面的夹角。

【终止角】：是指生成曲面的终止位置与母线和旋转轴构成平面的夹角。

注意：

① 选择方向时的箭头方向与曲面旋转方向两者遵循右手螺旋法则。

② 旋转轴的母线和旋转轴不能相交。

③ 旋转时以母线的当前位置为零起始。

④ 如果旋转生成的是球面，而其上部分还是被加工制造的，要做成1/4的圆旋转，否则法线方向不对，无法加工。

2.2.2 绘制过程

【步骤1】 绘制空间曲线

① 按 F6 键，单击"直线"按钮，选择"两点线"、"单个"、"正交"、"点方式"方式，绘制和坐标轴重合的两条曲线"直线1"、"直线2"，如图2-16（a）所示；② 单击"等距线"按钮，选择要等距的"直线1"和"直线2"，得到"直线1-1"、"直线1-2"、"直线2-1"、"直线2-2"、"直线2-3"，如图2-16（a）所示；③ 单击"曲线过渡"按钮，选择"半径"为"6"、"裁剪曲线1"、"裁剪曲线2"，绘制半径为6和8的倒角，如图2-16（b）所示；④ 删除或裁剪多余的曲线，如图2-16（c）所示；⑤ 单击"曲线组合"按钮，选择"删除原曲线"，拾取母线，三条合并为一条曲线。

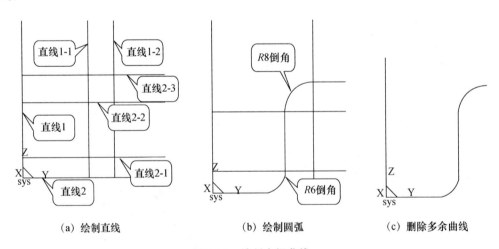

(a) 绘制直线　　(b) 绘制圆弧　　(c) 删除多余曲线

图2-16　绘制空间曲线

【步骤2】 绘制旋转曲面

① 单击"旋转面"按钮；② 输入"起始角=0°"和"终止角=180°"；③ 拾取空间直线为旋转轴，并选择方向；④ 拾取空间曲线为母线；⑤ 拾取完毕即可生成旋转面；如图2-17所示。

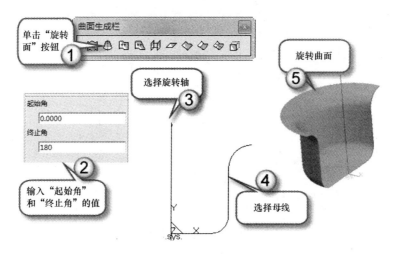

图 2-17 旋转曲面的绘制过程

2.2.3 归纳总结

绘制旋转面比较简单，只需要绘制空间的旋转轴和空间旋转母线，输入起始角度和终点角度就可以得到旋转曲面。

2.2.4 巩固提高

利用"旋转面"的命令，绘制图 2-18 所示的手柄曲面。

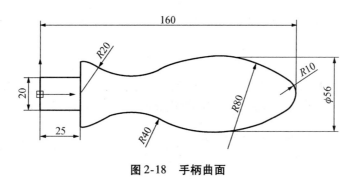

图 2-18 手柄曲面

任务 3 创建导动面

【任务要求】 利用"导动面"命令，绘制如图 2-19 所示的零件曲面图。

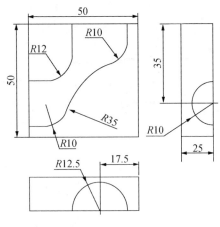

图 2-19 零件图

2.3.1 知识准备

导动面是指让特征截面线沿着特征轨迹线的某一方向扫动生成的曲面,即选取截面曲线或轮廓线沿着另外一条轨迹线扫动生成的曲面。导动面生成有 6 种生成方式:平行导动、固接导动、导动线&平面、导动线&边界线、双导动线和管道曲面。

单击"导动面"按钮 或执行"造型"→"曲面生成"→"导动面"命令,选择导动方式后,可根据不同的导动方式下的提示,完成操作。

1. 平行导动

(1) 功能

平行导动是指截面线沿导动线趋势始终平行它自身移动而扫描生成曲面,截面线在运动过程中没有任何旋转。

(2) 操作

① 单击"导动面"按钮 ,激活该功能,并选择"平行导动"方式;② 拾取导动线;③ 选择方向;④ 拾取截面曲线,即可生成导动面。其生成过程如图 2-20 所示。

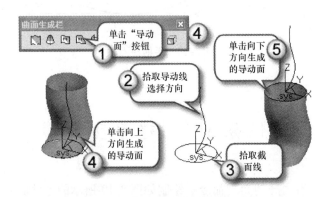

图 2-20 平行导动的导动面生成过程

注意：平行导动是素线平行于母线，导动方向选取不同，产生导动面的效果也不同。

2. 固接导动

（1）功能

在导动过程中，截面线和导动线始终保持固接关系，即让截面线平面与导动线的切矢方向保持相对角度不变，而且截面线在自身相对坐标系中的位置关系保持不变，截面线沿导动线变化的趋势导动而生成的曲面称为固接导动曲面。固接导动有单截面线和双截面线两种。

（2）操作

① 选择"固接导动"方式，选择单截面线或者双截面线；② 拾取导动线，并选择导动方向；③ 拾取截面线，如果是双截面线导动，应拾取两条截面线；④ 生成导动面。其生成过程如图 2-21 所示。

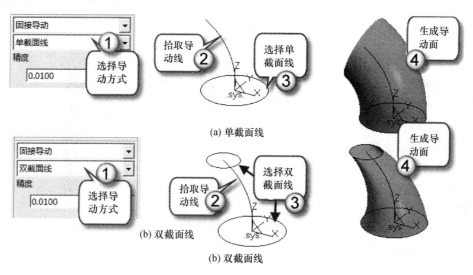

图 2-21 固接导动的导动面生成过程

注意：

① 导动曲线、截面线应当是光滑曲线。

② 固接导动时保持初始角不变。

3. 导动线 & 平面

（1）功能

导动线 & 平面是指截面线按一定规则沿一个平面或空间导动线（脊线）扫动生成的曲面。

（2）操作

① 选择"导动线 & 平面"方式；② 选择单截面线或者双截面线；③ 输入平面法矢方向，按空格键，弹出矢量工具，选择方向；④ 拾取导动线，并选择导动方向；⑤ 拾取截面线，如果是双截面线导动，应拾取两条截面线，生成导动面。其生成过程如图 2-22 所示。

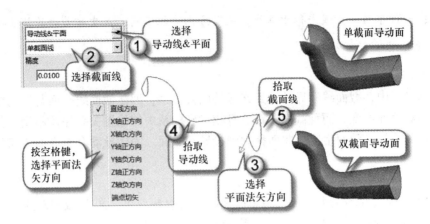

图 2-22　导动线 & 平面的导动面生成过程

4. 导动线 & 边界线

（1）功能

导动线 & 边界线是指截面线按以下规则沿一条导动线扫动生成的曲面。

规则：运动过程中截面线平面始终与导动线垂直；运动过程中截面线平面与两边界线需要有两个交点；对截面线进行放缩，将截面线横跨于两个交点上；截面线沿导动线如此运动时，与两条边界线一起扫动生成曲面。

（2）操作

① 选择"导动线 & 边界线"方式；② 选择单截面线或者双截面线；③ 选择等高或者变高；④ 拾取导动线，并选择导动方向；⑤ 拾取第一条边界曲线；⑥ 拾取第二条边界曲线；⑦ 拾取截面线，如果是双截面线导动，拾取两条截面线（在第一条边界线附近），生成导动面。其生成过程如图 2-23 所示。

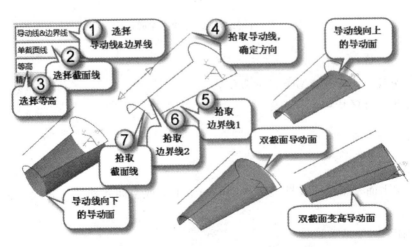

图 2-23　导动线 & 边界线的导动面生成过程

注意：

① 在导动过程中，截面线始终在垂直于导动线的平面内摆放，并求得截面线平面与

边界线的两个交点。在两截面线之间进行混合变形,并对混合截面进行放缩变换,使截面线正好横跨在两个边界线的交点上。

② 若对截面线进行放缩变换,仅变化截面线长度,保持截面线高度不变,称为等高导动。

③ 若对截面线,不仅变化截面线长度,同时等比例地变化截面线的高度,称为变高导动。

5. 双导动线

(1) 功能

双导动线是指将一条或两条截面线沿着两条导动线匀速地扫动生成的曲面。

(2) 操作

① 选择"双导动线"方式;② 选择单截面线或者双截面线;③ 选择等高或者变高;④ 拾取第一条导动线,并选择导动方向;⑤ 拾取第二条导动线,并选择导动方向;⑥ 拾取截面曲线(在第一条导动线附近),如果是双截面线导动,拾取两条截面线(在第一条导动线附近),生成导动面。其生成过程如图 2-24 所示。

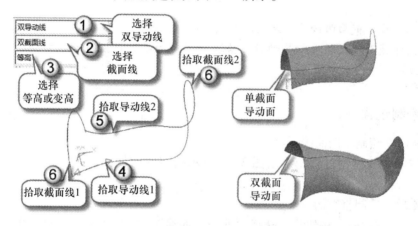

图 2-24 双导动线的导动面生成过程

注意:

① 拾取截面线时,拾取点应在第一条导动线附近。

② "变高"导动出来的参数线仍然保持原状,以保持曲率半径的一致性;而"等高"导动出来的参数线不是原状,不能保持曲率半径的一致性。

6. 管道曲面

(1) 功能

管道曲面是指将给定起始半径和终止半径的圆形截面沿指定的中心线扫动生成的曲面。

(2) 操作

① 选择"管道曲面"方式;② 填入起始半径、终止半径和精度;③ 拾取导动线;④ 选择方向;⑤ 生成导动面。其生成过程如图 2-25 所示。

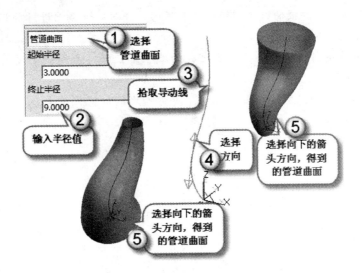

图 2-25 管道曲面的生成过程

注意：

① 导动曲线、截面曲线应当是光滑曲线。

② 在两根截面线之间进行导动时，拾取两根截面线时应使得它们方向一致，否则曲面将发生扭曲，形状不可预料。

2.3.2 绘制过程

【步骤 1】 绘制空间曲线

按照空间曲线绘制过程，绘制图 2-26 所示的空间曲线图形，详细绘制过程参见项目一。

【步骤 2】 绘制直纹面

① 单击"直纹面"按钮，选择"曲线+曲线"，拾取直线 L5、L6，即可得到"直纹面 1"；同理得"直纹面 2"、"直纹面 3"、"直纹面 4"、"直纹面 5"，结果如图 2-27 所示；② 单击"曲面裁剪"按钮，依次选择"线裁剪"、"裁剪"，拾取"直纹面 4"，按空格键，选择"单个拾取"，选取"直纹面 4 上的半圆弧"，任意选择搜索方向，右击，该曲面被修剪；同理修剪直纹面 3，结果如图 2-28 所示。

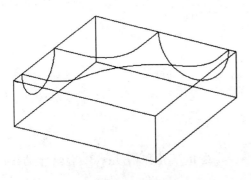

图 2-26 空间曲线图

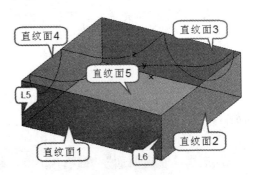

图 2-27 生成直纹面

【步骤3】 绘制导动面

① 生成导动线。单击"曲线组合"按钮 ，依次选择"删除原曲线",按空格键,选择"单个拾取",按照图2-28依次选取,拾取结束后,右击,获得导动线L7;同理,做出另一条导动线L8;② 单击"导动面"按钮 ,依次选择"双导动线"、"双截面线"、"变高",拾取两条导动线L7、L8,拾取两条截面线(两个半圆弧),生成导动面,如图2-29所示。

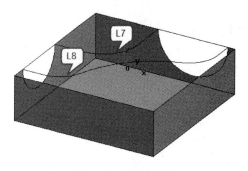
图 2-28 修剪曲面

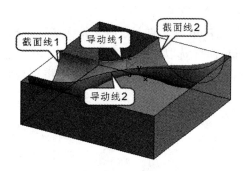
图 2-29 生成导动面

【步骤4】 绘制平面

单击"平面"按钮 ,依次选择"裁剪面",按照图2-30拾取曲线L7、L9、L10,拾取结束后右击,生成裁剪面;同理生成另一个裁剪面(如图2-31所示)。(若直线不能拾取部分曲线,可以把一条直线或曲线在交点处打断,打断后再拾取该部分曲线)。

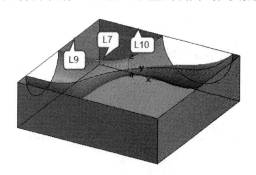
图 2-30 生成修剪曲面

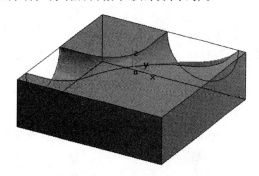
图 2-31 完成曲面造型

相关知识——曲面裁剪

曲面裁剪对生成的曲面进行修剪,去掉不需要的部分。

在曲面裁剪功能中,可以选用各种元素,包括各种曲线和曲面来修理和剪裁曲面,获得所需要的曲面形态。也可以将被裁剪了的曲面恢复到原来的样子。

曲面裁剪有5种方式:投影线裁剪、等参数线裁剪、线裁剪、面裁剪和裁剪恢复。在各种曲面裁剪方式中,都可以通过切换立即菜单来采用裁剪或分裂的方式。在分裂方式中,系统用剪刀线将曲面分成多个部分,并保留裁剪生成的所有曲面部分。在裁剪方式中,系统只保留所需要的曲面部分,其他部分将都被裁剪掉。系统根据拾取曲面时鼠标的位置来确定所需要的部分，即剪刀线将曲面分成多个部分，在拾取曲面时鼠标单击在哪一个曲面部分上，就保留哪一部分曲面。

1. 投影线裁剪

（1）功能

投影线裁剪是将空间曲线沿给定的固定方向投影到曲面上，形成剪刀线来裁剪曲面。

（2）操作

① 单击"曲面裁剪"按钮，选择"投影线裁剪"和"裁剪"方式；② 拾取被裁剪的曲面（选取需保留的部分）；③ 按空格键，弹出矢量工具菜单，选择投影方向；④ 拾取剪刀线，选择裁剪方向，立即得到裁剪结果。其创建过程如图2-32所示。

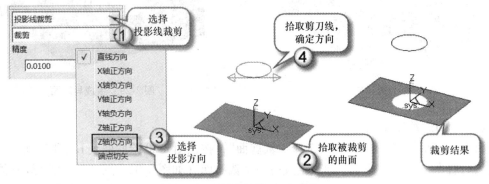

图2-32　投影线裁剪创建过程

注意：与曲面边界线重合或部分重合以及相切的曲线对曲面进行裁剪时，可能得不到正确的裁剪结果，建议尽量避免这种情况。在输入投影方向时，可以利用矢量工具菜单。

2. 线裁剪

（1）功能

线裁剪是指曲面上的曲线沿曲面法矢方向投影到曲面上，形成剪刀线来裁剪曲面。

（2）操作

① 单击"曲面裁剪"按钮，在立即菜单上选择"线裁剪"和"裁剪"方式；② 拾取被裁剪的曲面（选取需保留的部分）；③ 拾取剪刀线，确定方向；④ 右击得到裁剪结果。其创建过程如图2-33所示。

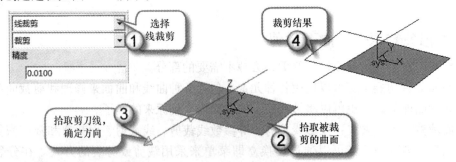

图2-33　线裁剪创建过程

注意：
① 裁剪时保留拾取点所在的那部分曲面。
② 若裁剪曲线不在曲面上，则系统将曲线按距离最近的方式投影到曲面上获得投影曲线，然后利用投影曲线对曲面进行裁剪，此投影曲线不存在时，裁剪失败。一般应尽量避免此种情形。
③ 若裁剪曲线与曲面边界无交点，且不在曲面内部封闭，则系统将其延长到曲面边界后实行裁剪。

3. 面裁剪

（1）功能

面裁剪指剪刀曲面和被裁剪曲面求交，用求得的交线作为剪刀线来裁剪曲面。

（2）操作

① 单击"曲面裁剪"按钮，在立即菜单上选择"面裁剪"、"裁剪"和"裁剪曲面1"；② 拾取被裁剪的曲面（选取需保留的部分）；③ 拾取剪刀曲面，立即得到裁剪结果。其创建过程如图 2-34 所示。

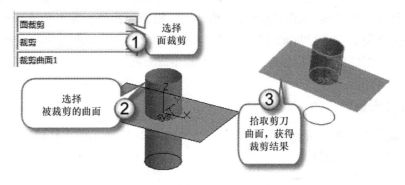

图 2-34　面裁剪创建过程

注意：
① 裁剪时保留拾取点所在的那部分曲面。
② 两曲面必须有交线，否则无法裁剪曲面。
③ 两曲面在边界线处相交或部分相交及相切时，可能得不到正确结果，建议尽量避免。
④ 若曲面交线与被裁剪曲面边界无交点，且不在其内部封闭，则系统将交线延长到被裁剪曲面边界后实行裁剪，一般应尽量避免这种情况。

4. 等参数线裁剪

（1）功能

等参数线裁剪是指以曲面上给定的等参数线为剪刀线来裁剪曲面，有裁剪和分裂两种方式。参数线的给定可以通过立即菜单选择过点或者指定参数来确定。

（2）操作

① 单击"曲面裁剪"按钮，在立即菜单上选择"等参数线裁剪"方式；② 选择

"裁剪"或"分裂"、"过点"或"指定参数";③拾取曲面后,选择方向,得到裁剪结果。

注意:裁剪时保留拾取点所在的那部分曲面。

5. 裁剪恢复

(1)功能

裁剪恢复是指将拾取到的曲面裁剪部分恢复到没有裁剪的状态。如果拾取的裁剪边界是内边界,系统将取消对该边界施加的裁剪;如果拾取的是外边界,系统将把外边界回复到原始边界状态。

(2)操作

① 单击"曲面裁剪"按钮,在立即菜单上选择"裁剪恢复",选择"保留原裁剪面"或"删除原裁剪面";② 拾取需要恢复的裁剪曲面,完成操作。

2.3.3 归纳总结

导动面生成有6种生成方式:平行导动、固接导动、导动线&平面、导动线&边界线、双导动线和管道曲面。曲面裁剪有5种方式:投影线裁剪、等参数线裁剪、线裁剪、面裁剪和裁剪恢复。在进行曲面编辑时,要根据裁剪的需要,合理地选择裁剪方式。需要注意的是,导动线的方向可以影响到导动曲面的生成方向。

2.3.4 巩固提高

利用"旋转面"和"导动面"的命令,绘制如图 2-35 所示的水杯曲面(杯子的手把部分利用导动面命令绘制)。

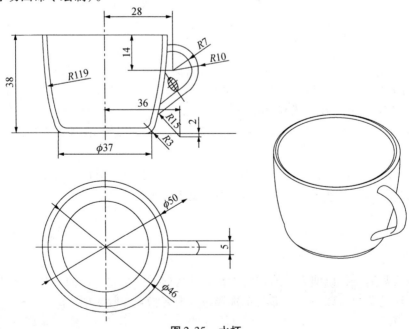

图 2-35 水杯

任务 4　创建扫描面

【任务要求】　应用"扫描面"和"导动面"命令，绘制如图 2-36 所示的鼠标曲面。

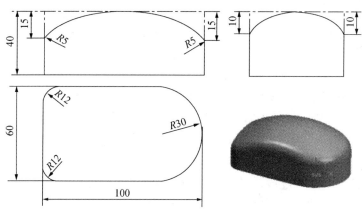

图 2-36　鼠标图形

2.4.1　知识准备

（1）功能

按照给定的起始位置和扫描距离，将曲线沿指定方向以一定锥度扫描生成曲面称为扫描面。

（2）操作

① 单击"扫描面"按钮 或执行"造型"→"曲面生成"→"扫描面"命令；② 输入起始距离、扫描距离、扫描角度和精度等参数；③ 按空格键，弹出矢量工具菜单，选择扫描方向；④ 拾取空间曲线；⑤ 若扫描角度不为零，选择扫描夹角方向；⑥ 生成扫描面。其绘制过程如图 2-37 所示。

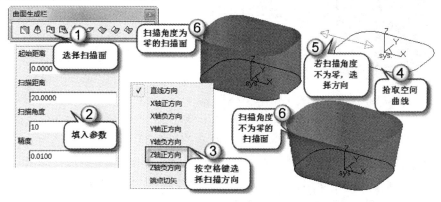

图 2-37　扫描面的绘制过程

(3) 参数

【起始距离】：指生成曲面的起始位置与曲线平面沿扫描方向上的间距。

【扫描距离】：指生成曲面的起始位置与终止位置沿扫描方向上的间距。

【扫描角度】：指生成的曲面母线与扫描方向的夹角。

注意：在拾取曲线时，可以利用曲线拾取工具菜单（按空格键），输入方向时可利用矢量工具菜单（空格键或鼠标中键）。

2.4.2 绘制过程

【步骤1】 绘制鼠标底面

① 按F5，单击"直线"按钮，选择"水平/铅垂线"、"水平+铅垂"、"长度=140"，拾取原点，绘制"水平+铅垂"线；② 单击"等距线"按钮，拾取"垂线"向左等距"70"，拾取水平线向上、向下等距"30"，获得3条等距线；③ 单击"圆"按钮，拾取原点，绘制半径为"30"的圆；④ 单击"裁剪"和"删除"按钮，删除多余的曲线；⑤ 单击"曲线过渡"按钮，完成R12的圆弧过渡，绘制结果如图2-38所示；⑥ 利用"平面"命令绘制鼠标底面的平面，如图2-39所示。

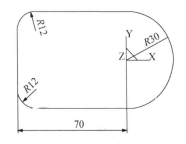

图2-38 绘制鼠标底面线架

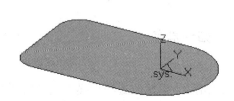

图2-39 绘制鼠标底面平面

图2-40 绘制鼠标四周曲面

【步骤2】 绘制鼠标四周曲面

① 按F8键，单击"扫描面"按钮；② 输入"起始距离=0"、"扫描距离=60"、"扫描角度=0"；③ 按空格键弹出矢量工具菜单，选择扫描方向为"Z轴正方向"；④ 拾取图2-39的每一条曲线，得到图2-40的扫描面。

【步骤3】 绘制鼠标顶部曲线

① 按F7，单击"直线"按钮，选择"水平/铅垂线"、"水平+铅垂"、"长度=140"，拾取原点，绘制"水平+铅垂"线；② 单击"等距线"按钮，拾取"垂线"分别向左等距"70"、"20"，向右等距"30"，拾取水平线向上等距"40"、"25"，获得5条等距线；③ 单击"圆弧"按钮，选择"三点圆弧"方式，依次拾取"点1"、"点2"、"点3"，绘制圆弧，如图2-41所示；④ 单击"裁剪"和"删除"按钮，删除多余的曲线，得到"曲线1"；⑤ 按F6键，切换到YZ面，按照上述的方法绘制"曲线2"后，得到如图2-42所示的圆弧曲线。（注意：绘制"水平/铅垂线"时，要按空格键，拾取圆弧R30的中点。）

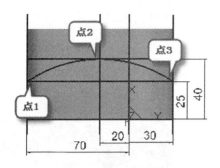

图 2-41 绘制等距线

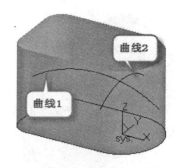

图 2-42 空间线的绘制结果

【步骤 4】 绘制鼠标顶部曲面

① 平移"曲线 2"。单击"平移"按钮，选择"两点"、"平移"、"非正交"；按照提示，拾取"曲线 2"后，右击，输入基点，按空格键，选择"中点"，拾取"曲线 2"的中点，再次按空格键，选择"端点"，拾取"曲线 1"端点，得到图 2-43 的绘制结果；② 单击"导动面"按钮，选择"平行导动"方式，拾取"直线 1"为导动线，选择导动方向，拾取"直线 2"为截面曲线，即生成导动面。绘制结果如图 2-44 所示。

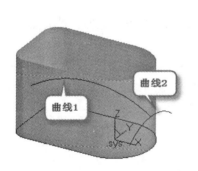

图 2-43 平移"曲线 2"

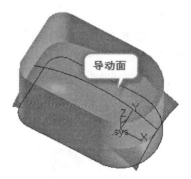

图 2-44 导动面的绘制结果

【步骤 5】 延伸面

单击"曲面延伸"按钮，选择"长度延伸"方式，"长度 = 20"、"删除原曲面"拾取"导动面"，依次拾取靠近边界的 4 个点，得到 4 个方向的延伸曲面。结果如图 2-45 所示。

【步骤 6】 曲面过渡

① 单击"曲面过渡"按钮，选择"系列面过渡"、"等半径"方式，"半径 = 10"、"裁剪两系列面"，拾取"曲面 1"为第一系列面，单击后，修改方向向下，单击后，拾取其他的面为第二系列面，单击后，修改方向为全部向内；拾取结束单击后，得到曲面过渡；② 单击"拾取过滤设置"按钮，在弹出的对话框中单击 清除所有类型(C) 按钮，再选择 ☑ 空间直线 ☑ 空间圆(弧)，单击"确定"按钮。用框选的方式，拾取所有空间曲线和空间曲面，删除，得到图 2-46 的图形，鼠标的绘制结束。

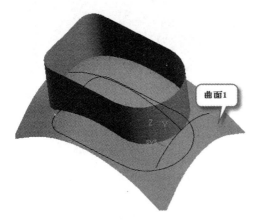

图 2-45 延伸"曲面 1"　　　　　图 2-46 导动面的绘制结果

 相关知识——曲面延伸

（1）功能

曲面延伸可将原曲面按所给定的长度或比例，沿相切的方向延伸，扩大曲面。

（2）操作

① 单击"曲面延伸"按钮 或执行"造型"→"曲面编辑"→"曲面延伸"命令；② 在立即菜单中选择"长度延伸"或"比例延伸"方式，输入长度或比例值；③ 状态栏中提示"拾取曲面"，单击曲面，延伸完成，如图 2-47 所示。

(a) 待延伸的曲面　　　(b) 曲面延伸结果

图 2-47 曲面延伸过程

注意：曲面延伸功能不支持裁剪曲面的延伸。

 相关知识——曲面过渡

曲面过渡是指在给定的曲面之间以一定的方式作给定半径或半径规律的圆弧过渡面，以实现曲面之间的光滑过渡。曲面过渡就是用截面是圆弧曲面将两张曲面光滑连接起来，过渡面不一定过原曲面的边界。

曲面过渡共有 7 种方式：两面过渡、三面过渡、系列面过渡、曲线曲面过渡、参考线过渡、曲面上线过渡和两线过渡。

曲面过渡支持等半径过渡和变半径过渡。变半径过渡是指沿着过渡面的半径是变化的过渡方式。不管是线性变化半径还是非线性变化半径，系统都能提供有力的支持。用户可以通过给定导引边界线或给定半径变化规律的方式来实现变半径过渡。

单击"曲面过渡"按钮或执行"造型"→"曲面编辑"→"曲面过渡"命令，在立即菜单中选择曲面过渡的方式，根据状态栏提示操作，生成过渡曲面。

1. 两面过渡

（1）功能

在两个曲面之间进行给定半径或给定半径变化规律的过渡，生成的过渡面的截面将沿两曲面的法矢方向摆放。两面过渡有两种方式，即等半径过渡、变半径过渡。

（2）操作

等半径过渡操作步骤：① 单击"曲面过渡"按钮；② 在立即菜单中选择"两面过渡"、"等半径"和是否裁剪曲面，输入半径值；③ 拾取第一张曲面，并选择方向；④ 拾取第二张曲面，并选择方向；⑤ 得到过渡曲面，结果如图 2-48 所示。

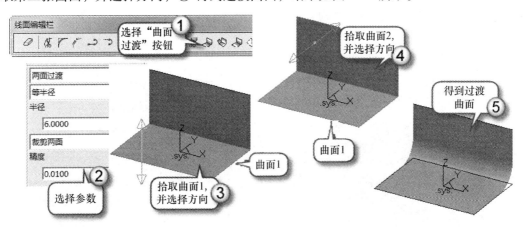

图 2-48　等半径两面过渡

变半径过渡操作步骤：① 单击"曲面过渡"按钮；② 在立即菜单中选择"两面过渡"、"变半径"和是否裁剪曲面；③ 拾取第一张曲面，并选择方向；④ 拾取第二张曲面，并选择方向；⑤ 拾取参考曲线，指定曲线；⑥ 指定参考曲线上的点并定义半径，指定点后，弹出立即菜单，在立即菜单中输入半径值，可以指定多点及其半径，所有点都指定完后，单击右键确认；⑦ 得到过渡曲面，结果如图 2-49 所示。

注意：

① 用户需正确地指定曲面的方向，方向不同会导致完全不同的结果。

② 进行过渡的两曲面在指定方向上与距离等于半径的等距面必须相交，否则曲面过渡失败。

③ 若曲面形状复杂，变化过于剧烈，使得曲面的局部曲率小于过渡半径时，过渡面将发生自交，形状难以预料，应尽量避免这种情形。

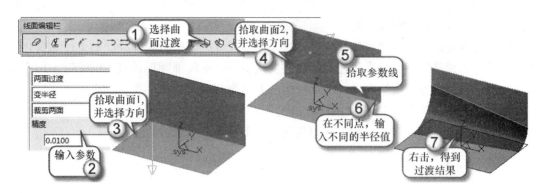

图 2-49 变半径两面过渡

2. 三面过渡

（1）功能

三面过渡是指在三张曲面之间对两两曲面进行过渡处理，并用一张角面将所得的三张过渡面连接起来。若两两曲面之间的三个过渡半径相等，称为三面等半径过渡；若两两曲面之间的三个过渡半径不相等，称为三面变半径过渡。

（2）操作

① 单击"曲面过渡"按钮，在立即菜单中选择"三面过渡"、"内过渡"或"外过渡"、"等半径"或"变半径"和是否裁剪曲面，输入半径值；② 按状态栏中提示拾取曲面，选择方向；③ 曲面过渡结果如图 2-50 所示。

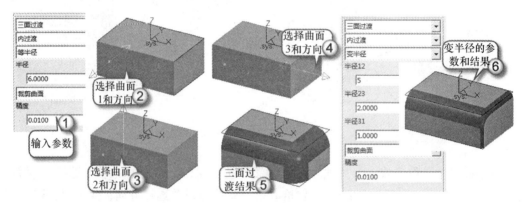

图 2-50 三面过渡

注意：

① 用户需正确地指定曲面的方向，方向不同会导致完全不同的结果。

② 若曲面形状复杂，变化过于剧烈，使得曲面的局部曲率小于过渡半径时，过渡面将发生自交，形状难以预料，应尽量避免这种情形。

3. 系列面过渡

（1）功能

系列面是指首尾相接、边界重合，并在重合边界处保持光滑连接的多张曲面的集合。系列面过渡就是在两个系列面之间进行过渡处理。

(2) 操作

等半径系列面过渡操作步骤：① 单击"曲面过渡"按钮，在立即菜单中选择"系列面过渡"、"等半径"和是否裁剪曲面，输入半径值；② 拾取第一系列曲面，依次拾取第一系列所有曲面，拾取完后右击确认；③ 改变曲面方向（在选定曲面上点取），当显示的曲面方向与所需的不同时，点取该曲面，曲面方向改变，改变完所有需改变曲面方向后，右击确认；④ 拾取第二系列曲面，依次拾取第二系列所有曲面，拾取完后右击确认；⑤ 改变曲线方向（在选定曲面上点取），改变曲面方向后；⑥ 右击确认，系列面过渡结果如图 2-51 所示。

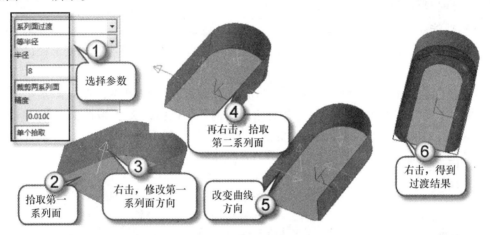

图 2-51　等半径系列面过渡

变半径系列面过渡操作步骤：① 单击"曲面过渡"按钮，在立即菜单选择"系列面过渡"、"变半径"和是否裁剪曲面；② 拾取第一系列曲面，依次拾取第一系列所有曲面，右击确认；③ 改变曲面方向（在选定曲面上点取），改变曲面方向后，右击确认；④ 拾取第二系列曲面，依次拾取第二系列所有曲面，拾取完后右击确认；⑤ 改变曲面方向（在选定曲面上点取），改变曲面方向后，右击确认；⑥ 拾取参考曲线；⑦ 指定参考曲线上点并定义半径，指定点，弹出"输入半径"对话框，输入半径值，单击"确定"按钮；⑧ 指定完要定义的所有点后，右击确定，系列面过渡结果如图 2-52 所示。

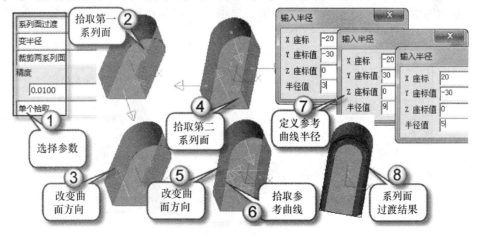

图 2-52　变半径系列面过渡

注意：

① 在变半径系列面过渡中，参考曲线只能指定一条曲线。因此，可将系列曲面上的多条相邻的曲线组合成一条曲线，作为参考曲线；或者也可以指定不在曲面上的曲线。

② 在一个系列面中，曲面和曲面之间应当尽量保证首尾相连、光滑相接。用户需正确地指定曲面的方向，方向不同会导致完全不同的结果。

③ 若曲面形状复杂，变化过于剧烈，使得曲面的局部曲率小于过渡半径时，过渡面将发生自交，形状难以预料，应尽量避免这种情形。

4. 曲线曲面过渡

（1）功能

曲线曲面过渡是指过曲面外一条曲线，做曲线和曲面之间的等半径或变半径过渡面。

（2）操作

等半径曲线曲面过渡操作步骤：① 单击"曲面过渡"按钮，在立即菜单中选择"曲线曲面过渡"、"等半径"和是否裁剪曲面，输入半径值；② 拾取曲面；③ 单击所选方向；④ 拾取曲线；⑤ 曲线曲面过渡完成，结果如图 2-53 所示。

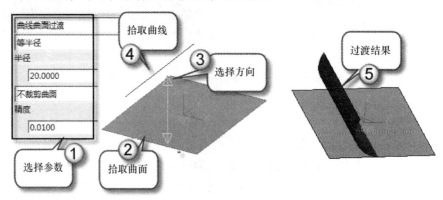

图 2-53　等半径曲线曲面过渡

变半径曲线曲面过渡操作步骤：① 单击"曲面过渡"按钮，在立即菜单中选择"曲线曲面过渡"、"变半径"和是否裁剪曲面；② 拾取曲面；③ 单击所选方向；④ 拾取曲线；⑤ 指定参考曲线上点，输入半径值，单击"确定"按钮；指定完要定义的所有点后，右击确定，过渡结果如图 2-54 所示。

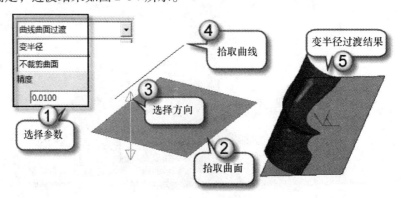

图 2-54　变半径曲线曲面过渡

5. 参考线过渡

（1）操作

在参考线过渡过程中，给的一条参考线，在两曲面之间做等半径或变半径过渡，生成的相切过渡面的截面将位于垂直于参考线的平面内。

（2）操作

等半径参考线过渡操作步骤：① 单击"曲面过渡"按钮，在立即菜单中选择"参考线过渡"、"等半径"和是否裁剪曲面，输入半径值；② 拾取第一张曲面；③ 选择方向；④ 拾取第二张曲面；⑤ 选择方向；⑥ 拾取参考曲线；⑦ 参数线过渡结果如图 2-55 所示。

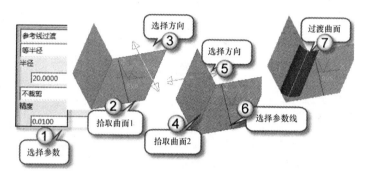

图 2-55 等半径参考线过渡

变半径参考线过渡操作步骤：① 单击"曲面过渡"按钮，在立即菜单中选择"参数线过渡"、"变半径"和是否裁剪曲面；② 拾取第一张曲面；③ 选择方向；④ 拾取第二张曲面；⑤ 选择方向；⑥ 拾取参考曲线，指定参考曲线上点，输入半径值，单击"确定"按钮；⑦ 指定完要定义的点后，右击确定，完成参数线过渡，结果如图 2-56 所示。

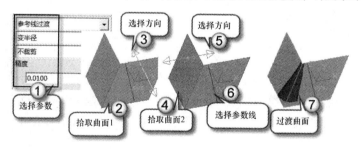

图 2-56 变半径参考线过渡

注意：

① 这种过渡方式尤其适用各种复杂多拐的曲面，其曲率半径较小且需要做大半径过渡的情况。这种情况下，一般的两面过渡生成的过渡曲面将发生自交，不能生成出满意、完整的过渡曲面。

② 变半径过渡时，可以在参考线上选定一些位置点定义所需的过渡半径，以生成在给定截面位置处半径精确的过渡曲面。

6. 曲面上线过渡

(1) 功能

曲面上线过渡指两曲面做过渡，指定第一曲面上的一条线为过渡面的导引边界线的过渡方式。系统生成的过渡面将和两张曲面相切，并以导引线为过渡面的一个边界，即过渡面过此导引线和第一曲面相切。

(2) 操作

① 单击"曲面过渡"按钮，在立即菜单中选择"曲面上线过渡"；② 拾取第一张曲面；③ 选择方向；④ 拾取曲面上曲线；⑤ 拾取第二张曲面；⑥ 选择方向；⑦ 立即生成过渡曲面，结果如图 2-57 所示。

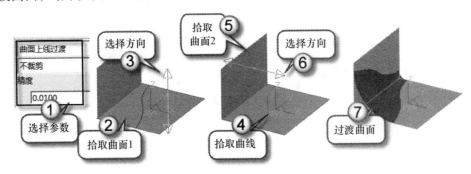

图 2-57　曲面上线过渡

7. 两线过渡

(1) 功能

在两曲线间做过渡，生成给定半径的以两曲面的两条边界线或者一个曲面的一条边界线和一条空间脊线为边生成过渡面。

两线过渡有两种方式："脊线+边界线"和"两边界线"。

(2) 操作

① 单击"曲面过渡"按钮，在立即菜单中选择"两线过渡"、"脊线+边界线"或"两边界线"，输入半径值；② 按状态栏中提示操作拾取边界线 1；③ 拾取导动方向；④ 拾取边界线 2；⑤ 拾取导动方向；⑥ 立即得到过渡曲面，如图 2-58 所示。

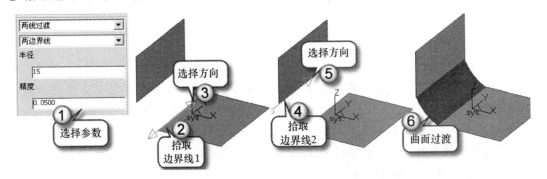

图 2-58　两线过渡

2.4.3 归纳总结

扫描面是一个相对比较简单的应用，只需要合理输入参数，选择正确的扫描方向，就可以生成正确的扫描面。

2.4.4 巩固提高

利用"曲面拼接"和"扫描面"等命令，绘制如图 2-59 所示的灯泡的泡罩曲面。

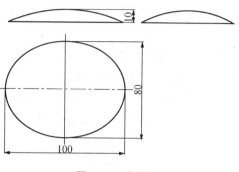

图 2-59　泡罩图

任务 5　曲面造型综合实例

【任务要求】　应用曲面造型的命令，绘制如图 2-60 所示的零件图的曲面。

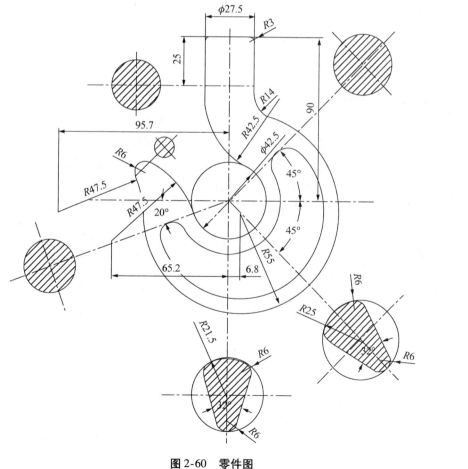

图 2-60　零件图

2.5.1 绘制过程

1. 绘制吊钩轮廓线

【步骤1】 绘制轮廓曲线

① 按 F5 键，在 XY 平面内，绘制如图 2-61 所示的曲线，尺寸如图 2-60 所示；② 编辑轮廓曲线。使用"曲线裁剪"命令 和"曲线过渡"命令 编辑吊钩轮廓线，如图 2-62 所示。

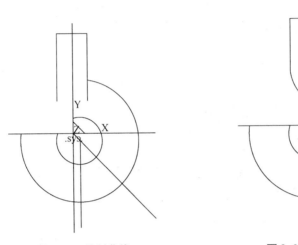

图 2-61 绘制曲线　　　　　图 2-62 编辑曲线

【步骤2】 绘制钩角曲线

① 使用"圆"命令 绘制辅助圆弧。以坐标系原点"O"为圆心，绘制半径为"68.75"的圆；再以半径 55 圆弧的圆心"O_1"为圆心，绘制半径为"102.5"的圆；② 使用"圆弧"命令 绘制钩角轮廓曲线。以交点 P_1、P_2 绘制半径为"47.5"的圆弧，分别与直径 42.5 和半径 55 的圆弧相切，如图 2-63 所示；③ 使用"曲线过渡"命令 对钩角曲线倒圆角，半径为"6"，如图 2-64 所示。

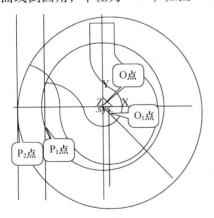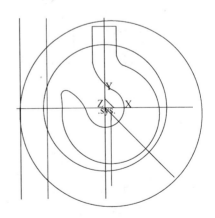

图 2-63 绘制曲线　　　　　图 2-64 编辑曲线

【步骤3】 删除曲线

使用"曲线裁剪"命令 和"删除"命令 删除多余曲线，得到吊钩轮廓线。

2. 绘制吊钩截面线

【步骤1】 绘制截面中心线

使用"等距线"命令、"直线"命令 ∕ 和"曲线裁剪"命令，绘制截面中心线如图 2-65 所示。

【步骤2】 绘制半圆形截面曲线

使用"圆"命令 ⊙ 和"曲线裁剪"命令，以截面中心线为直径绘制半圆，如图 2-66 所示。

【步骤3】 绘制非圆形截面曲线

① 绘制辅助圆弧。使用"圆"命令 ⊙，以"两点_半径"方式绘制圆弧，分别拾取截面中心线的"端点"和直径为 42.5 圆弧的"T 切点"，半径分别为"25"和"6"；② 绘制角度线。使用"直线"命令 ∕，绘制与半径为 6 的圆弧相切的角度线，如图 2-67 所示；③ 倒圆角。使用"曲线过渡"命令，对半径为"25"和直线倒圆角，半径为"6"，如图 2-68 所示；④ 编辑截面曲线。使用"曲线裁剪"命令 编辑截面曲线，如图 2-69 所示；⑤ 按照④的方法绘制另一个截面线，如图 2-70 所示。

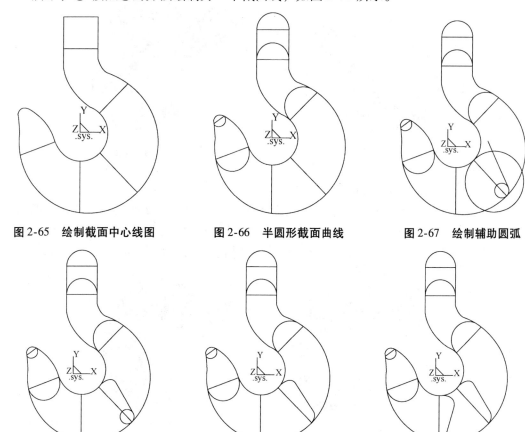

图 2-65 绘制截面中心线图　　图 2-66 半圆形截面曲线　　图 2-67 绘制辅助圆弧

图 2-68 倒圆角　　图 2-69 编辑截面曲线　　图 2-70 绘制截面线

【步骤4】 旋转截面曲线

使用"旋转"命令，以截面中心线为"旋转轴"，旋转截面曲线。

3. 生成吊钩曲面

【步骤1】 组合非圆形截面线和轮廓曲线

在"线面编辑"工具栏上，单击"曲线组合"命令 ，按空格键，选择"单个拾取"方式，在绘图区拾取要组合的曲线，将其组合为一条样条曲线。需要组合的曲线有两条非圆形截面线和两条轮廓曲线。

【步骤2】 生成吊钩钩体曲面

在"曲面生成"工具栏上，单击"网格面"命令 ，先依次拾取"吊钩截面线"作为"U向截面线"，拾取结束后右击，再依次拾取"吊钩轮廓线"作为"V向截面线"，拾取结束后再次右击，生成网格曲面，如图2-71所示。

【步骤3】 建立辅助扫描曲面

在"曲面生成"工具栏上，单击"扫描面"按钮 ；在立即菜单中输入"扫描距离"为"10"、"扫描角度"为"0"；按空格键，在弹出的快捷菜单中选择"Z轴负方向"作为扫描方向；在绘图区拾取吊钩轮廓线，生成扫描曲面，如图2-72所示。

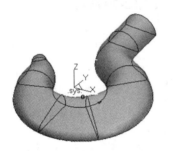   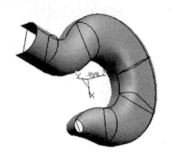

图2-71 吊钩钩体曲面图　　　　图2-72 扫描曲面

【步骤4】 生成吊钩鼻部曲面

在"曲面编辑"工具栏上，单击"曲面拼接"按钮 ，在立即菜单中选择"两面拼接"，在绘图区依次拾取钩体曲面和靠近钩鼻的扫描面（拾取曲面时要靠近边界曲线），生成拼接曲面如图2-73（a）所示；之后删除辅助扫描曲面，如图2-73（b）所示。

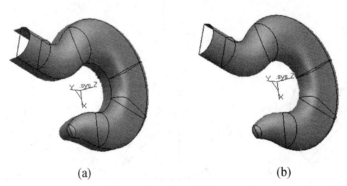

图2-73 吊钩鼻部曲面

【步骤5】 生成吊钩端部平面

在"曲面生成"工具栏上，单击"直纹面"按钮 ，在立即菜单中选择"曲线+曲线"方式，在绘图区依次拾取直线和半圆曲线，生成端部平面如图2-74所示。

【步骤6】 建立另一侧吊钩曲面

在"几何变换"工具栏上，单击"镜像"按钮，按状态栏提示选择"平面XY"上的三个点确定镜像对称平面，再拾取吊钩一侧的三个曲面，单击"确定"按钮，生成另一侧吊钩曲面，得到如图2-75所示的结果。

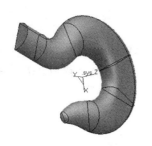
图2-74 吊钩端部平面

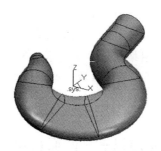
图2-75 吊钩曲面

相关知识——网格面

（1）功能

以网格曲线为骨架，蒙上自由曲面生成的曲面称为网格曲面。网格曲线是由特征线组成横竖相交线。

（2）操作

① 单击"网格面"按钮 或执行"造型"→"曲面生成"→"网格面"命令；② 拾取空间曲线为U向截面线，右击；③ 拾取空间曲线为V向截面线；④ 右击，立即生成网格曲面，结果如图2-76所示。

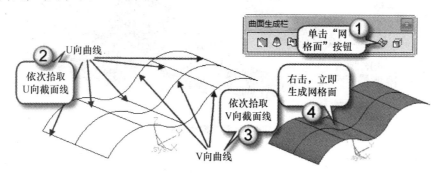
图2-76 网格面生成过程

说明：

① 网格面的生成思路：首先构造曲面的特征网格线确定曲面的初始骨架形状；然后用自由曲面插值特征网格线生成曲面。

② 特征网格线可以是曲面边界线或曲面截面线等。由于一组截面线只能反映一个方向的变化趋势，还可以引入另一组截面线来限定另一个方向的变化，这形成一个网格骨架，控制住两个方向（U和V两个方向）的变化趋势。

③ 可以生成封闭的网格面。注意，此时拾取 U 向、V 向的曲线必须从靠近曲线端点的位置拾取，否则封闭网格面失败。

注意：
① 每一组曲线都必须按其方位顺序拾取，而且曲线的方向必须保持一致。曲线的方向与放样面功能中一样，由拾取点的位置来确定曲线的起点。
② 拾取的每条 U 向曲线与所有 V 向曲线都必须有交点。
③ 拾取的曲线应当是光滑曲线。
④ 对特征网格线有以下要求：网格曲线组成网状四边形网格，规则四边网格与不规则四边网格均可。插值区域是四条边界曲线围成的，不允许有三边域、五边域和多边域。

相关知识——曲面拼接

曲面拼接面是曲面光滑连接的一种方式，它可以通过多个曲面的对应边界，生成一张曲面与这些曲面光滑相接。曲面拼接共有 3 种方式：两面拼接、三面拼接和四面拼接。

1. 两面拼接

（1）功能
两面拼接是指做一曲面，使其连接两个给定曲面的指定对应边界，并在连接处保证光滑。
（2）操作
① 单击"曲面拼接"按钮 ，在立即菜单中选择"两面拼接"方式；② 拾取第一张曲面；③ 拾取第二张曲面；④ 立即生成拼接曲面，生成过程如图 2-77 所示。

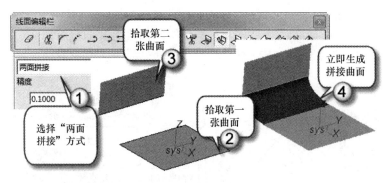

图 2-77 两面拼接生成过程

注意：
① 拾取时请在需要拼接的边界附近单击曲面。
② 拾取时，需要保证两曲面的拼接边界方向一致，这是由拾取点在边界线上的位置决定，如果两个曲面边界线方向相反，拼接的曲面将发生扭曲，形状不可预料。

2. 三面拼接

（1）功能
三面拼接是指做一曲面，使其连接三个给定曲面的指定对应边界，并在连接处保证光滑。

（2）操作

① 单击"曲面拼接"按钮 ，在立即菜单中选择"三面拼接"方式；② 拾取第一张曲面；③ 拾取第二张曲面；④ 拾取第三张曲面；⑤ 立即生成拼接曲面，生成过程如图2-78所示。

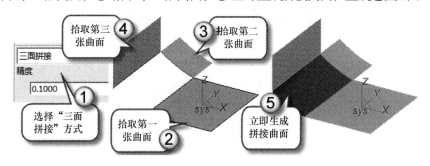

图2-78 三面拼接生成过程

注意：

① 要拼接的三个曲面必须在角点相交，要拼接的三个边界应该首尾相连，形成一串曲线，它可以封闭，也可以不封闭。

② 三个曲面围成的区域可以是封闭的，也可以是不封闭的，在不封闭处，系统将根据拼接条件自动确定拼接曲面的边界形状。

③ 三面拼接不局限于曲面，还可以是曲线，即可以拼接曲面和曲线围成的区域，拼接面和曲面保持光滑相接，并以曲线为界。需要注意的是：拾取曲线时，需先右击，再单击曲线才能选择曲线。

3. 四面拼接

（1）功能

四面拼接是指做一曲面，使其连接四个给定曲面的指定对应边界，并在连接处保证光滑。

（2）操作

① 在立即菜单中选择"四面拼接"方式；② 拾取第一张曲面；③ 拾取第二张曲面；④ 拾取第三张曲面；⑤ 拾取第四张曲面；⑥ 曲面拼接完成，生成过程如图2-79所示。

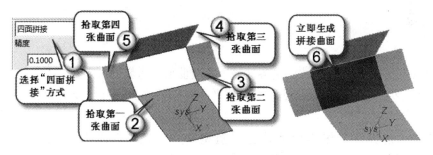

图2-79 四面拼接生成过程

注意：

① 要拼接的四个曲面必须在角点两两相交，要拼接的四个边界应该首尾相连，形成一串封闭曲线，围成一个封闭区域。

② 操作中，拾取曲线时需先右击，再单击曲线才能选择曲线。

2.5.2 归纳总结

曲面的绘制是一个比较复杂的绘制过程，只有深入的掌握各种曲面的绘制过程、绘制条件和注意事项，才能比较灵活地选择合适的曲面造型方式，绘制正确的曲面。

2.5.3 巩固提高

利用所学的绘制曲面的命令，绘制如图 2-80 所示的五角星的曲面。

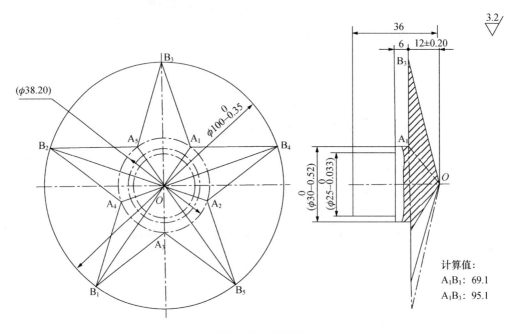

图 2-80 五角星

2.5.4 其他知识点

1. 边界面

（1）功能

边界面是在由已知曲线围成的边界区域上生成曲面。边界面有两种类型："四边面"和"三边面"。四边面是指通过四条空间曲线生成平面；三边面是指通过三条空间曲线生成平面。

（2）操作

① 单击"边界面"按钮◆或执行"造型"→"曲面生成"→"边界面"命令；② 选择四边面或三边面；③ 拾取空间曲线，完成操作。

注意：拾取的三条或四条曲线必须首尾相连成封闭环，才能做出三边面或四边面；并且拾取的曲线应当是光滑曲线。

2. 放样面

以一组互不相交、方向相同、形状相似的特征线（或截面线）为骨架进行形状控制，过这些曲线蒙面生成的曲面称为放样面。放样面有截面曲线和曲面边界两种类型。

单击"放样面"按钮 或执行"造型"→"曲面生成"→"放样面"命令，选择截面曲线或者曲面边界，按状态栏提示，完成操作。

（1）截面曲线

功能：通过一组空间曲线作为截面来生成封闭或者不封闭的曲面。

操作步骤：① 选择"截面曲"线方式；② 选择封闭或者不封闭曲面；③ 拾取空间曲线为截面曲线，拾取完毕后右击确定，完成操作。

（2）曲面边界

功能：以曲面的边界线和截面曲线并与曲面相切来生成曲面。

操作步骤：① 选择"曲面边界"方式；② 在第一条曲面边界线上拾取其所在平面；③ 拾取空间曲线为截面曲线，拾取完毕后右击确定，完成操作；④ 在第二条曲面边界线上拾取其所在平面，完成操作。

注意：

① 拾取的一组特征曲线应互不相交，方向一致，形状相似，否则生成结果将发生扭曲，形状不可预料。

② 截面线需保证其光滑性。

③ 需按截面线摆放的方位顺序拾取曲线；同时拾取曲线需保证截面线方向一致性。

3. 实体表面

（1）功能

实体表面是将通过特征生成的实体表面剥离出来而形成一个独立的面。

（2）操作

① 单击"实体表面"按钮 执行"造型"→"曲面生成"→"实体表面"命令；② 按提示拾取实体表面。

4. 等距面

（1）功能

按给定距离与等距方向生成与已知平面（曲面）等距的平面（曲面）。这个命令类似曲线中的"等距线"命令，不同的是"线"改成了"面"。

（2）操作

① 单击"等距面"按钮 或执行"造型"→"曲面生成"→"等距面"命令；② 输入等距距离；③ 拾取平面，选择等距方向；④ 生成等距面。

（3）参数

【等距距离】：指生成平面在所选的方向上的离开已知平面的距离。

注意：

① 如果曲面的曲率变化太大，等距的距离应当小于最小曲率半径。

② 等距面生成后，会扩大或缩小。

5. 曲面缝合

（1）功能

曲面缝合是指将两张曲面光滑连接为一张曲面。曲面缝合有两种方式：通过曲面1的切矢进行光滑过渡连接；通过两曲面的平均切矢进行光滑过渡连接。

（2）操作

① 单击"曲面缝合"按钮 或执行"造型"→"曲面编辑"→"曲面缝合"命令；② 选择曲面缝合的方式；③ 根据状态栏提示完成操作。

（3）参数

【曲面切矢1】：曲面切矢1方式的曲面缝合，即在第一张曲面的连接边界处按曲面1的切方向和第二张曲面进行缝合连接，这样，最后生成的曲面仍保持有曲面1形状的部分。

【平均切矢】：平均切矢方式的曲面缝合，即在第一张曲面的连接边界处按两曲面的平均切方向进行光滑连接；最后生成的曲面在曲面1和曲面2处都改变了形状。

6. 曲面优化

（1）功能

在实际应用中，有时生成的曲面的控制顶点很密很多，会导致对这样的曲面处理起来很慢，甚至会出现问题。曲面优化功能就是在给定的精度范围之内，尽量去掉多余的控制顶点，使曲面的运算效率大大提高。

（2）操作

① 单击"曲面优化"按钮 或执行"造型"→"曲面编辑"→"曲面优化"命令；② 在立即菜单中选择"保留原曲面"或"删除原曲面"方式，输入精度值；③ 在状态栏中提示"拾取曲面"，单击曲面，优化完成。

注意：曲面优化功能不支持裁剪曲面。

7. 曲面重拟合

（1）功能

在很多情况下，生成的曲面是NURBS表达的（即控制顶点的权因子不全为1），或者有重节点，这样的曲面在某些情况下不能完成运算。这时，需要把曲面修改为B样条表达形式（没有重节点，控制顶点权因子全部是1）。曲面重拟合功能就是把NURBS曲面在给定的精度条件下拟合为B样条曲面。

（2）操作

① 单击"曲面重拟合"按钮 或执行"造型"→"曲面编辑"→"曲面重拟合"命令；② 在立即菜单中选择"保留原曲面"或"删除原曲面"方式，输入精度值；③ 在状态栏中提示"拾取曲面"，单击曲面，拟合完成。

注意：曲面重拟合功能不支持裁剪曲面。

 项目小结

在曲面造型的项目中，说明了曲面造型和曲面编辑的基本命令和该命令的应用方法。CAXA制造工程师2011软件提供了强大的曲面造型功能，本项目主要根据曲面不同的造型形式，利用实例任务的方式详细说明了直纹面、扫描面、旋转面、边界面、放样面、网格面、导动面、等距面的生成过程。在任务的完成的过程中，还对曲面的部分编辑方法进行了说明。

项目训练

利用曲面造型和曲面编辑的各种命令,绘制图 2-81～图 2-84 的曲面图形。

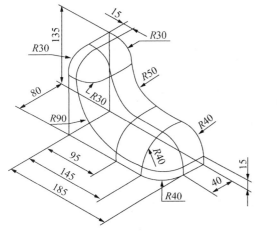

图 2-81 零件图

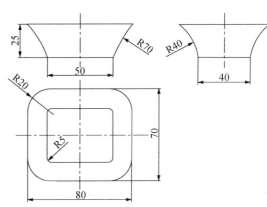

图 2-82 零件图

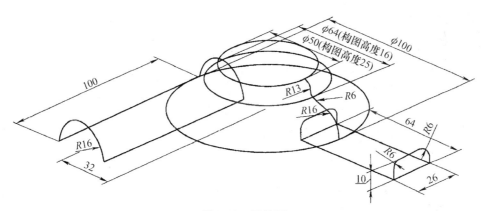

图 2-83 零件图

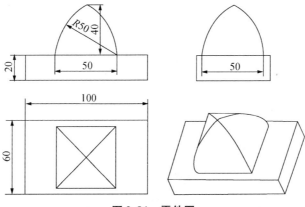

图 2-84 零件图

项目 3　实体造型设计

知识目标

通过本项目的学习,能够利用 CAXA 制造工程师软件进行实体模型的设计,主要掌握实体造型各种命令的应用方法,以及实体造型的步骤。

技能目标

学会利用拉伸增料、拉伸除料、旋转增料、旋转除料、导动增料、导动除料、放样增料、放样除料和倒角、抽壳等命令进行实体造型设计。

项目描述

特征造型设计是零件设计模块的重要组成部分。CAXA 制造工程师的零件设计采用精确的特征实体造型技术,它完全抛弃了传统的体素合并和交并差的烦琐方式,将设计信息用特征术语来描述,使整个设计过程直观、简单、准确。通常的特征包括孔、槽、型腔、点、凸台、圆柱体、块、锥体、球体、管子等。通过对本项目的学习,能够利用造型设计的各种命令,设计零件,为后续 CAM 编程做好准备工作。

任务 1　拉伸造型设计

【任务要求】　应用"拉伸增料"、"拉伸除料"命令,绘制如图 3-1 所示的图形。

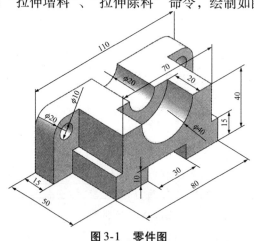

图 3-1　零件图

3.1.1 知识准备

1. 草图的绘制

（1）草图的绘制过程

草图是为特征造型准备的与实体模型相关的二维图形，是生成实体模型的基础，绘制草图的基本步骤：① 确定草图基准面；② 进入草图状态；③ 草图绘制与编辑；④ 退出草图。

（2）确定草图基准面

基准平面是草图和实体赖以生存的平面，它的作用是确定草图在哪个基准面上绘制，确定草图基准面的方法有两种：选择基准面和构造基准面。

选择基准面中可供选择的基准面有两种：一种是系统预设置的基本坐标平面（XY面、XZ面、YZ面）；另外一种是已生成实体的表面。

构造基准面中对于不能通过选择方法确定的基准平面，CAXA制造工程师提供了构造基准平面的方法。系统提供了8种构造基准面的方式："等距平面确定基准平面"、"过直线与平面成夹角确定基准平面"、"生成曲面上某点的切平面"、"过点且垂直于曲线确定基准平面"、"过点且平行平面确定基准平面"、"过点和直线确定基准平面"、"三点确定基准平面"、"根据当前坐标系构造基准面"。

构造基准面的步骤：① 单击"基准面"按钮 或执行"造型"→"特征生成"→"基准面"命令，弹出"构造基准面"对话框；② 根据构造条件，有时需要填入距离或角度，单击"确定"按钮完成操作。

（3）进入草图状态

只有在草图状态下，才可以对草图进行绘制和编辑。进入草图状态的方式有两种：一种方式是在特征树上选择一个基准平面后，单击"绘制草图"按钮 或按F2键，在特征树中添加了一个草图分支，表示进入草图状态；另一种方式是选择特征树中已经存在的草图，单击"绘制草图"按钮 或按F2键，即打开了草图，进入草图编辑状态。

2. 草图的绘制与编辑

只有进入草图状态后，才能使用曲线功能对草图进行绘制和编辑操作，有关曲线绘制和编辑等功能在前面已经介绍。下面仅说明专门用于草图的绘制与编辑方法。

（1）尺寸模块

尺寸模块中共有3个功能：尺寸标注、尺寸编辑和尺寸驱动。

尺寸标注是指在草图状态下，对所绘制的图形标注尺寸。尺寸标注的操作过程：① 单击"尺寸标注"按钮 或执行"造型"→"尺寸"→"尺寸标注"命令；② 拾取尺寸标注元素；③ 拾取另一个尺寸标注元素；④ 指定尺寸线位置，标注尺寸，即可完成操作，如图3-2所示。

尺寸编辑是指在草图状态下，对标注的尺寸进行标注位置上的修改。尺寸编辑的操作过程：① 单击"尺寸编辑"按钮 或执行"造型"→"尺寸"→"尺寸编辑"命令；② 拾取需要编辑的尺寸元素，修改尺寸线位置，尺寸编辑完成。

尺寸驱动用于修改某一尺寸，而图形的几何关系保持不变。尺寸驱动的操作过程：① 单击"尺寸驱动"按钮或执行"造型"→"尺寸"→"尺寸驱动"命令；② 拾取要驱动的尺寸；③ 系统弹出"半径"对话框，输入新的尺寸值，按回车键；④ 尺寸驱动完成，操作过程如图3-3所示。

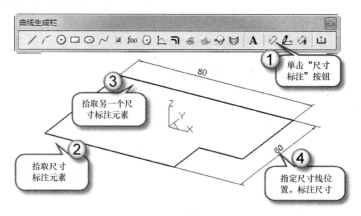

图3-2 尺寸标注

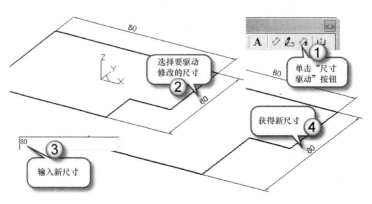

图3-3 尺寸驱动

注意：在非草图状态下，不能标注尺寸、编辑尺寸和驱动尺寸。
（2）曲线投影
曲线投影是指将曲线沿草图基准平面的法向投影到草图平面上，生成曲线在草图平面上的投影线。曲线投影的操作过程：① 单击"曲线投影"按钮或执行"造型"→"曲线生成"→"曲线投影"命令；② 拾取要投影的曲线，生成投影线。
注意：
① 只有在草图状态下，曲线投影才能使用。
② 若要得到和投影曲线相同的曲线，需要把曲线投影到和曲线所在平面平行的草图平面上。
（3）草图环检查
草图环检查是指用来检查草图环是否封闭。草图环检查的操作过程：单击"草图环检查"按钮或执行"造型"→"草图环检查"命令，系统弹出的草图是否封闭的提示，如图3-4所示。

图 3-4 草图环检查

注意：在草图绘制过程中，如果在草图中出现部分草图线断开、重合、出现分支等情况，都认为草图是不正确的，确切地说，草图应该是一个首尾相连的曲线环。

（4）退出草图

当草图编辑完成后，单击"绘制草图"按钮或按 F2 键，按钮弹起表示退出草图状态。退出草图状态后，可以利用该草图生成特征实体。

3. 拉伸增料

（1）功能

拉伸增料是将一个轮廓曲线根据指定的距离做拉伸操作，用来生成一个增加材料的特征。拉伸类型包括"固定深度"、"双向拉伸"和"拉伸到面"，如图 3-5 所示。

图 3-5 "拉伸增料"对话框

（2）操作

① 单击"拉伸增料"按钮或执行"造型"→"特征生成"→"增料"→"拉伸"命令，弹出"拉伸增料"对话框；② 选取拉伸类型，输入"深度"值，拾取拉伸对象（草图），单击"确定"按钮完成操作。

（3）参数

【固定深度】：是指按照给定的深度数值进行单向的拉伸，如图 3-6（a）所示。

【深度】：是指拉伸的尺寸值，可以直接输入所需数值，也可以单击按钮来调节大小。

【拉伸对象】：是指对需要拉伸的草图选取。

【反向拉伸】：是指与默认方向相反的方向进行拉伸。

【增加拔模斜度】：是指使拉伸的实体带有锥度。

【角度】：是指拔模时母线与中心线的夹角。

【向外拔模】：是指与默认方向相反的方向进行拔模操作。

【双向拉伸】：是指以草图为中心，向相反的两个方向进行拉伸，深度值以草图为中心平分，可以生成实体，如图3-6（b）所示。

【拉伸到面】：是指拉伸位置以曲面为结束点进行拉伸，需要选择要拉伸的草图和拉伸到的曲面，如图3-6（c）所示。

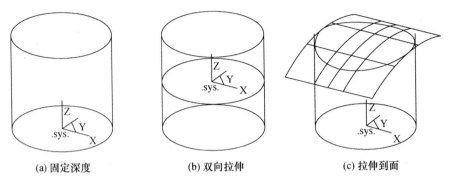

(a) 固定深度　　　　(b) 双向拉伸　　　　(c) 拉伸到面

图3-6　拉伸增料类型

4. 拉伸除料

（1）功能

拉伸除料是将一个轮廓曲线根据指定的距离做拉伸操作，用来生成一个减去材料的特征。拉伸类型包括"固定深度"、"双向拉伸"、"拉伸到面"和"贯穿"，如图3-7所示。

图3-7　"拉伸除料"对话框

（2）操作

① 单击"拉伸除料"按钮 或执行"造型"→"特征生成"→"除料"→"拉伸"命令，弹出"拉伸除料"对话框；② 选取拉伸类型，填入"深度"值，拾取草图，单击"确定"按钮完成操作。

（3）参数

【贯穿】：是指草图拉伸后，将基体整个穿透。

其余参数和拉伸增料相同，不再详述。

注意：

① 在进行"双向拉伸"时，拔模斜度不可用。

② 在进行"拉伸到面"时，要使草图能够完全投影到这个面上，如果面的范围比草

图小,会产生操作失败。

③ 在进行"拉伸到面"时,深度和反向拉伸不可用。

④ 在进行"贯穿"时,深度、反向拉伸和增加拔模斜度不可用。

3.1.2 绘制过程

【步骤1】 绘制"草图0"

① 在特征树中选择 YZ 平面,按 F2 键或单击"草图"按钮 进入草图状态;② 单击"矩形"按钮 ,选择"两点方式",按回车键后,弹出点输入框,输入第一个点的坐标"-55,0",再次按回车键,在点输入框内输入第二个点的坐标"55,0"绘制一个边长为110和40的矩形;③ 单击"曲线过渡"按钮 ,输入"半径=10",拾取要过渡的两条边,完成过渡;④ 单击"圆"按钮 ,选择"圆心_半径"方式,按回车键后,按空格键,弹出工具菜单,选择"圆心"方式,拾取半径为10的圆弧,输入"半径"为"5",同样方式绘制另一个圆。"草图1"绘制完成,如图3-8所示。

【步骤2】 拉伸"草图0"

单击"拉伸增料"按钮 ,选择拉伸类型"固定深度","深度"为"15",拉伸对象为上述绘制的"草图0",拉伸为"实体特征",单击"确定"按钮,绘制结果如图3-9所示。

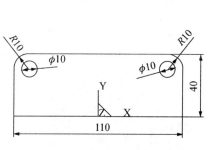

图 3-8 绘制"草图0"

图 3-9 拉伸增料

【步骤3】 绘制"草图1"

① 在绘图区内选择上述拉伸平面的实体表面,按 F2 键或单击"草图"按钮 进入草图状态;② 单击"矩形"按钮 ,选择"两点方式",按回车键后,弹出点输入框,输入第一个点的坐标"-40,15",再次按回车键,在点输入框内输入第二个点的坐标"40,0"绘制一个边长为80和15的矩形。按同样方式,绘制边长为70和40的矩形,矩形的第一个点为"-35,40",第二个点为"35,0";③ 单击"删除"或"修剪"按钮,修剪草图后得到如图3-10所示的图形。

【步骤4】 拉伸"草图1"

单击"拉伸增料"按钮 ,选择拉伸类型"固定深度","深度"为"35",拉伸对象为上述绘制的"草图1",拉伸为"实体特征",单击"确定"按钮,绘制结果如图3-11所示。

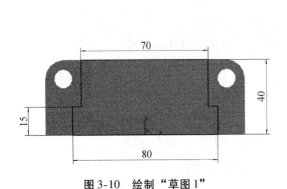
图 3-10 绘制"草图 1"

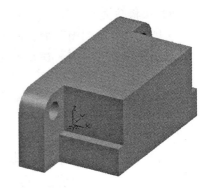
图 3-11 拉伸增料

【步骤 5】 拉伸除料

① 在绘图区内选择上述拉伸平面的表面,按 F2 键或单击"草图"按钮 进入草图状态;② 单击"圆"按钮 ,选择"圆心_半径"方式,按回车键,输入圆心坐标为"0,40",再按回车键,输入"半径"为"20",绘制"草图 2";③ 单击"拉伸除料"按钮 ,选择拉伸类型"固定深度","深度"为"20",拉伸对象为上述绘制的"草图 2",拉伸为"实体特征",单击"确定"按钮,绘制结果如图 3-12 所示;④ 在"草图 3"中,绘制"半径"为"10"和"草图 2"同心的圆,绘制结束后单击"拉伸除料"按钮 ,修改拉伸类型为"贯穿",其他参数不变,单击"确定"按钮,绘制结果如图 3-13 所示;⑤在"草图 4"中,绘制"长度 = 30"和"宽度 = 10"的矩形,绘制结束后单击"拉伸除料"按钮 ,拉伸类型为"贯穿",其他参数不变,单击"确定"按钮,整个零件绘制完成,绘制结果如图 3-14 所示。

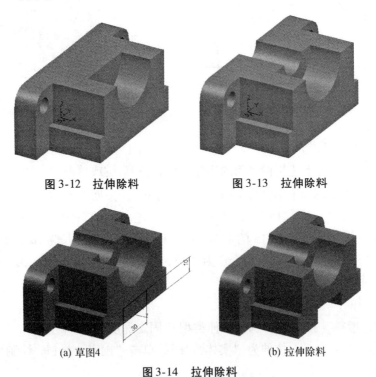

图 3-12 拉伸除料　　　　图 3-13 拉伸除料

(a) 草图4　　　　(b) 拉伸除料

图 3-14 拉伸除料

3.1.3 归纳总结

本任务主要说明了"草图的绘制"、"拉伸增料"、"拉伸除料"的绘制方式和注意事项,通过本任务的学习,可以掌握三维零件模的拉伸绘制方式。

3.1.4 巩固提高

利用"拉伸增料"和"拉伸除料"的命令,绘制如图 3-15 所示的零件图。

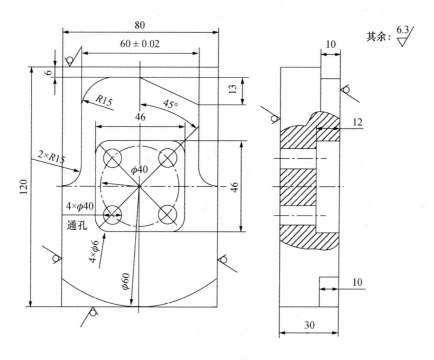

图 3-15 零件图

任务 2 旋转造型设计

【任务要求】 应用"旋转造型设计"的命令,绘制如图 3-16 所示的零件图。

3.2.1 知识准备

1. 旋转增料

(1) 功能

旋转增料是指通过围绕一条空间直线旋转一个或多个封闭轮廓,增加生成一个特征。

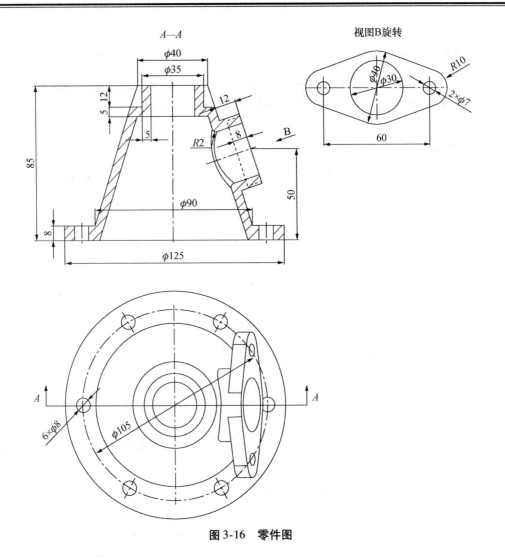

图 3-16 零件图

(2) 操作

① 单击"旋转增料"按钮或执行"造型"→"特征生成"→"增料"→"旋转"命令,弹出"旋转"对话框;② 选取旋转类型,输入旋转角度,拾取草图,拾取空间轴线,单击"确定"完成操作。其操作过程如图 3-17 所示。

图 3-17 旋转增料操作过程

（3）参数

【单向旋转】：指按照给定的角度数值进行单方向的旋转。

【对称旋转】：以草图为中心，向相反的两个方向进行旋转，角度值以草图为中心平分。

【双向旋转】：以草图为起点，向两个方向进行旋转，分别输入角度值。

2. 旋转除料

（1）功能

旋转除料是指通过围绕一条空间直线旋转一个或多个封闭轮廓，移除生成一个特征。

（2）操作

① 单击"旋转除料"按钮 或执行"造型"→"特征生成"→"旋转除料"命令，弹出"旋转"对话框，该对话框与旋转增料相似；② 选取旋转类型，填入角度，拾取草图和轴线，单击"确定"按钮完成操作。

注意：轴线是空间曲线，需要退出草图状态后绘制。

3.2.2 绘制过程

【步骤1】 绘制"辅助草图"

① 在特征树中选择 YZ 平面作为草图平面，利用"直线"命令中"两点线"、"水平/铅垂线"、"切线/法线"或"角度线"方式和"等距线"命令按照图 3-16 的尺寸绘制草图。② 单击"删除"或"剪切"按钮，删除或裁剪掉多余的直线，按 F2 键，退出草图状态，绘制结果如图 3-18 所示。

【步骤2】 旋转增料 1

① 在特征树中选择 YZ 平面，按 F2 或单击"草图"按钮 进入草图 1 状态；② 按 F5 键，单击"曲线投影"按钮 ，选择要投影的曲线，进行投影，得到草图 1 内的曲线，单击"删除"或"剪切"按钮，删除或裁剪掉多余的直线；③ 按 F2 键，退出草图状态，按 F6 键，选择 YZ 平面；④ 单击"直线"按钮 ，选择"水平/铅垂线"方式，选择"铅垂"、"长度＝100"，拾取原点，绘制铅垂线。如图 3-19 所示；⑤ 单击"旋转增料"按钮 ，弹出"旋转"对话框；选取旋转类型为"单向旋转"，输入"旋转角度"为"360"，拾取"草图 1"，拾取绘制的铅垂线作为空间轴线，单击"确定"按钮完成操作，结果如图 3-20 所示。

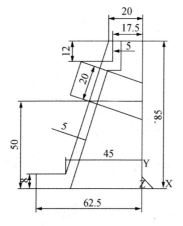

图 3-18 绘制参考草图

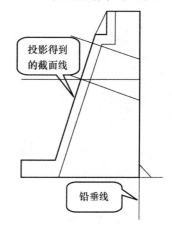

图 3-19 绘制投影线和铅垂线

【步骤3】 旋转增料2

① 在特征树中选择 YZ 平面,按 F2 键或单击"草图"按钮 进入草图 2 状态;② 按 F5 键,单击"曲线投影"按钮 ,选择要投影的曲线,进行投影,得到草图 2 内的曲线,单击"删除"或"剪切"按钮,删除或裁剪掉多余的直线;③ 按 F2 键,退出草图状态,如图 3-21 所示;④ 单击"直线"按钮 ,选择"两点线"方式,拾取两个点,绘制两点线作为旋转轴线;⑤ 单击"旋转增料"按钮 ,弹出"旋转"对话框;选取旋转类型为"单向旋转",输入"旋转角度"为"360",拾取"草图 2",拾取两点线绘制的直线作为空间轴线,单击"确定"按钮完成操作,结果如图 3-22 所示。

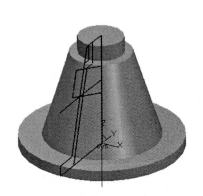

图 3-20 构建回转外轮廓图

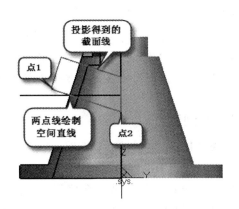

图 3-21 绘制投影线

【步骤4】 旋转除料

① 在特征树中选择 YZ 平面,按 F2 键或单击"草图"按钮 进入草图 2 状态;② 按 F5 键,单击"曲线投影"按钮 ,选择要投影的曲线,进行投影,得到草图 3 内的曲线,单击"删除"或"剪切"按钮,删除或裁剪掉多余的直线;③ 按 F2 键,退出草图状态,如图 3-23 所示;④ 单击"旋转除料"按钮 ,弹出"旋转"对话框;选取旋转类型为"单向旋转",输入"旋转角度"为"360",拾取"草图 3",拾取图 3-19 的铅垂线作为空间轴线,单击"确定"按钮完成操作,结果如图 3-24 所示。

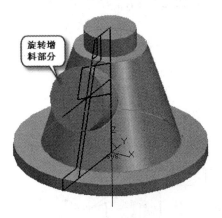

图 3-22 构建旋转增料

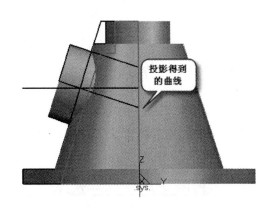

图 3-23 绘制投影线

【步骤5】 删除辅助草图

在特征树中，右击"草图0"，在弹出的快捷菜单中选择"删除"选项，删除辅助"草图0"，如图3-25所示。

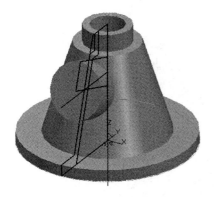

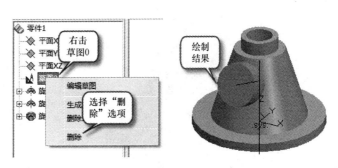

图3-24 构建旋转除料　　　　　图3-25 删除辅助"草图0"

【步骤6】 绘制"草图4"

① 选择最新旋转的圆柱上表面，按F2键或单击"草图"按钮 进入草图4状态；② 按F5键，单击"相关线"按钮，选择"实体边界"，拾取$\phi 40$圆柱的边缘。③ 单击"直线"按钮，选择"水平/铅垂线"方式，选择"水平＋铅垂"、"长度＝100"，按空格键，选择圆心，拾取$\phi 40$的圆心作为"水平＋铅垂"的原点，绘制水平铅垂线；④ 单击"等距线"按钮，分别等距距离为"30"的两条直线，在交点处绘制$\phi 20$、$\phi 7$的共4个圆；⑤ 单击"直线"按钮，选择"两点线"方式，按空格键，选择切点，分别拾取$\phi 40$、$\phi 20$的圆弧，绘制四条相切直线，绘制结果如图3-26所示；⑥ 单击"删除"或"剪切"按钮，删除或裁剪掉多余直线，结果如图3-27所示。

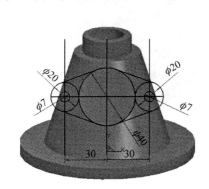

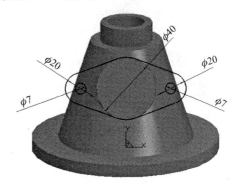

图3-26 绘制"草图4"　　　　　图3-27 编辑"草图4"

【步骤7】 拉伸增料

单击"拉伸增料"按钮，弹出"拉伸增料"对话框；选取类型为"固定深度"、"深度"为"12"、拉伸对象"草图4"、拉伸为"实体特征"、"反向拉伸"，拉伸结果如图3-28所示。

【步骤8】 拉伸除料

① 选择最新拉伸的圆柱上表面，按F2键或单击"草图"按钮 进入草图5状态；

② 按F5键，单击"相关线"按钮，选择"实体边界"，拾取φ40圆柱的边缘，单击"圆"按钮，按空格键，选择圆心，拾取φ40的圆心，绘制和φ40同心的φ30的圆；
③ 单击"拉伸除料"按钮，弹出"拉伸除料"对话框，选取类型为"固定深度"、"深度"为"25"、拉伸对象"草图5"、拉伸为"实体特征"，拉伸结果如图3-29所示。

图 3-28　拉伸增料　　　　　　　　图 3-29　拉伸除料

【步骤9】 阵列小孔

① 利用拉伸除料的方式绘制一个φ8的小孔，如图3-30所示；② 单击"环形阵列"按钮，选择阵列对象为拉伸除料的小孔，选择空间的铅垂线为旋转轴，选择"角度=60"、"数目=6"，阵列方式为"单个阵列"、"自身旋转"，选择结束后，单击"确定"按钮；③ 单击"删除"按钮，删除空间曲线，结果如图3-31所示。

图 3-30　绘制小孔　　　　　　　　图 3-31　阵列小孔

相关知识——阵列

1. 线性阵列

（1）功能
线性阵列可以沿一个方向或多个方向快速进行特征的复制。
（2）操作
① 单击"线性阵列"按钮或执行"造型"→"特征生成"→"线性阵列"命令；

② 分别在第一和第二阵列方向，拾取阵列对象和边/基准轴，输入距离和数目，单击"确定"按钮完成操作，如图3-32所示。

(a) "线性阵列"对话框

(b) 线性阵列

图3-32　线性阵列

（3）参数

【方向】：指阵列的第一方向和第二方向。
【阵列对象】：指要进行阵列的特征。
【边/基准轴】：指阵列所沿的指示方向的边或者基准轴。
【距离】：指阵列对象相距的尺寸值，可以直接输入所需数值，也可以单击按钮来调节。
【数目】：指阵列对象的个数，可以直接输入所需数值，也可以单击按钮来调节。
【反转方向】：指与默认方向相反的方向进行阵列。

2. 环形阵列

（1）功能

环形阵列是绕某基准轴旋转将特征阵列为多个特征。基准轴应为空间直线。

（2）操作

① 单击"环形阵列"按钮或执行"造型"→"特征生成"→"环性阵列"命令；
② 拾取阵列对象和边/基准轴，输入角度和数目，单击"确定"按钮完成操作，如图3-33所示。

(a) "环形阵列"对话框

(b) 环形阵列

图3-33　环形阵列

(3) 参数

【阵列对象】：指要进行阵列的特征。

【边/基准轴】：指阵列所沿的指示方向的边或者基准轴。

【角度】：指阵列对象所夹的角度值，可以直接输入所需数值，也可以单击按钮来调节。

【数目】：指阵列对象的个数，可以直接输入所需数值，也可以单击按钮来调节。

【反转方向】：指与默认方向相反的方向进行阵列。

【自身旋转】：指在阵列过程中，阵列对象在绕阵列中心旋转的过程中，绕自身的中心旋转；否则，将互相平行。

其余参数与线性阵列相同，不再详述。

3.2.3 归纳总结

旋转造型设计包括"旋转增料"和"旋转除料"两个命令，在绘制过程中，注意需要回转的截面绘制在草图内，回转轴线是空间的直线。

3.2.4 巩固提高

根据旋转造型设计及学过的相关命令，绘制如图 3-34 所示的零件图。

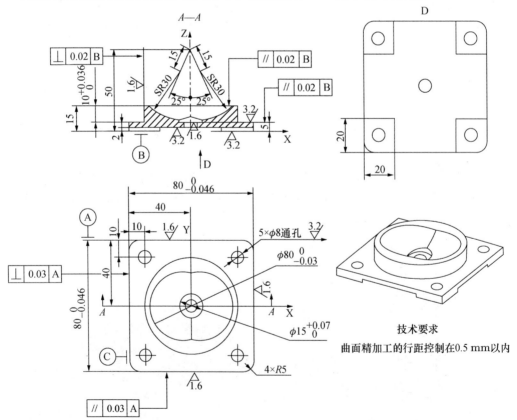

图 3-34 零件图

任务 3 导动造型设计

【任务要求】 利用学过的相关知识和导动造型设计命令，绘制如图 3-35 所示的零件图。

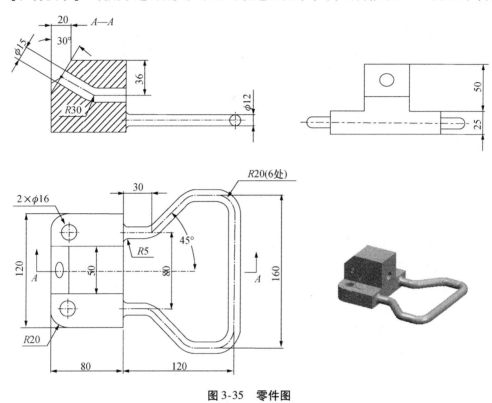

图 3-35 零件图

3.3.1 知识准备

（1）功能

导动增料或导动除料是指将某一截面曲线或轮廓线沿着另外一条轨迹线运动生成或去除一个特征实体。

（2）操作

① 单击"导动增料"按钮 或"导动除料"按钮 ，或执行"造型"→"特征生成"→"增料"或"除料"命令，弹出"导动"对话框；② 选取轮廓截面线和轨迹线，确定导动方式，单击"确定"按钮完成操作。其操作过程如图 3-36 所示。

（3）说明

【轮廓截面线】：指需要导动的草图，截面线应为封闭的草图轮廓。

【轨迹线】：指草图导动所沿的路径。

【选项控制】：包括"平行导动"和"固接导动"两种方式。

【平行导动】：指截面线沿导动线趋势始终平行它自身地移动而生成特征实体。

【固接导动】：指在导动过程中，截面线和导动线保持固接关系，即让截面线平面与导动线的切矢方向保持相对角度不变，并且截面线在自身相对坐标架中的位置关系保持不变，截面线沿导动线变化趋势导动生成特征实体。

【导动反向】：指与默认方向相反的方向进行导动。

【重新拾取】：指重新拾取截面线和轨迹线。

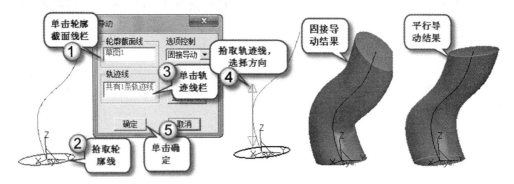

图 3-36 导动特征的操作过程

注意：

① 导动线必须为空间的曲线。

② 导动线的起始点必须在草图截面上。

③ 导动线所在的平面应垂直于草图平面。

3.3.2 绘制过程

【步骤1】 拉伸设计

① 在特征树中选择 XY 平面，按 F2 键或单击"草图"按钮 进入草图 0 状态，在草图 0 内绘制曲线，尺寸如图 3-37（a）所示。单击"拉伸增料"按钮 ，弹出"拉伸增料"对话框；选取类型为"固定深度"、"深度"为"25"、拉伸对象"草图 0"、拉伸为"实体特征"，拉伸结果如图 3-37（b）所示；② 在新绘制的实体的上表面绘制"草图1"，如图 3-38（a）所示；

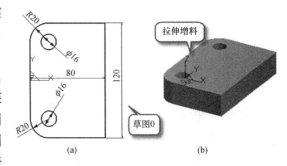

图 3-37 拉伸增料 1

对"草图1"进行拉伸增料，如图 3-38（b）所示；③ 在最新绘制的实体表面，创建"草图2"，尺寸如图 3-39（a）所示，单击"拉伸除料"按钮 ，弹出"拉伸除料"对话框，选取类型为"固定深度"、"深度"为"50"、拉伸对象"草图2"、拉伸为"实体特征"，拉伸结果如图 3-39（b）所示。

【步骤2】 导动除料

① 按 F7 键，选择 XZ 平面作为绘图平面，按照图 3-35 的尺寸，绘制空间曲线作为轨迹线，如图 3-40 所示；在实体平面上绘制"草图3"作为导动除料命令的轮廓截面线，如图 3-41 所示；② 单击"导动除料"按钮 ，弹出"导动"对话框；③ 选取轮廓截面线和

轨迹线,确定导动方式为"固接导动",单击"确定"按钮完成操作,结果如图 3-42 所示。

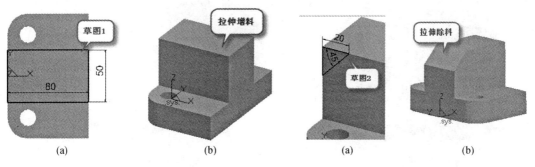

图 3-38 拉伸增料 2　　　　　　　　　图 3-39 拉伸除料 2

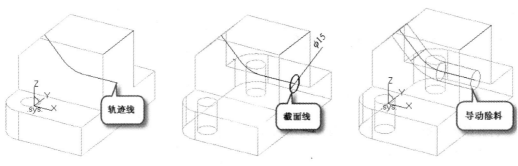

图 3-40 绘制空间的轨迹线　　　图 3-41 绘制截面线　　　图 3-42 绘制导动除料

【步骤 3】 导动增料

① 按 F7 键,选择 XZ 平面作为绘图平面,按照图 3-35 的尺寸,绘制空间曲线作为导动增料的轨迹线;② 在实体平面上绘制"草图 4"作为导动增料命令的轮廓截面线如图 3-43 所示;③ 单击"导动增料"按钮 ,弹出"导动"对话框;④ 选取轮廓截面线和轨迹线,确定导动方式为"固接导动",单击"确定"按钮完成操作,隐藏空间的曲线,结果如图 3-44 所示。

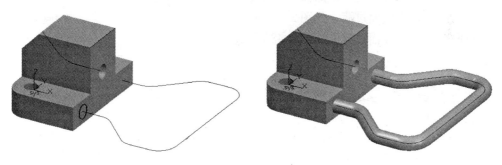

图 3-43 绘制导动轨迹线和截面线　　　　图 3-44 导动增料

【步骤 4】 过渡

单击"过渡"按钮 ,输入"半径"为"5"、"过渡方式"为"等半径"、"结束方式"为"缺省方式"、拾取要过渡的元素,单击"确定"按钮,过渡结果如图 3-45 所示。最终绘制结果如图 3-46 所示。

图 3-45　过渡

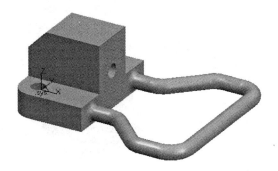
图 3-46　绘制结果

相关知识——过渡和倒角

1. 过渡

（1）功能

过渡是指以给定半径或半径规律在实体间作光滑过渡。

（2）操作

① 单击"过渡"按钮 或执行"造型"→"特征生成"→"过渡"命令，弹出"过渡"对话框；② 输入半径，确定过渡方式和结束方式，选择变化方式，拾取需要过渡元素，单击"确定"按钮，完成操作。

（3）参数

【半径】：指过渡圆角的尺寸值，可以直接输入所需数值，也可单击微调按钮来调节。

【过渡方式】：等半径和变半径。

【结束方式】：缺省方式、保边方式和保面方式。

【缺省方式】：指以系统默认的保边或保面方式进行过渡。

【保边方式】：指线面过渡，如图 3-47 所示。

【保面方式】：指面面过渡，如图 3-48 所示。

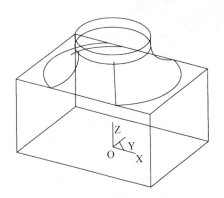
图 3-47　保边方式

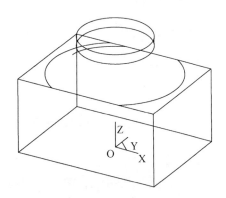
图 3-48　保面方式

【等半径】：指整条边或面以固定的尺寸值进行过渡，如图 3-49 所示。

【变半径】：指在边或面以渐变的尺寸值进行过渡，需要分别指定各点的半径，如图 3-50 所示。

【沿切面延顺】：指在相切的几个表面的边界上，拾取一条边时，可以将边界全部过渡，先将竖的边过渡后，在用此功能选取一条横边，如果如图 3-51 所示。

【线性变化】：指在变半径过渡时，过渡边界为直线。

【光滑变化】：指在变半径过渡时，过渡边界为光滑的曲线。

【需要过渡的元素】：指对需要过渡的实体上的边或者面的选取。

【顶点】：指在边半径过渡时，所拾取的边上的顶点。

图 3-49　等半径过渡　　　图 3-50　变半径过渡　　　图 3-51　沿切面延顺过渡

【过渡面后退】：零件在使用过渡特征时，可以使用"过渡面后退"，使过渡变缓慢光滑，如图 3-52 和图 3-53 所示。

3-52　无过渡面后退情况图　　　图 3-53　有过渡面后退情况图

注意：

① 在进行变半径过渡时，只能拾取边，不能拾取面。

② 在进行变半径过渡时，要注意控制点的顺序。

2. 倒角

（1）功能

倒角是指对实体的棱边进行光滑过渡。

（2）操作

① 单击"倒角"按钮 ◯ 或执行"造型"→"特征生成"→"倒角"命令，弹出"倒角"对话框，如图 3-54 所示；② 输入距离和角度，拾取需要倒角的元素，

图 3-54　倒角对话框

单击"确定"按钮完成操作。

(3) 参数

【距离】：指倒角边的尺寸值，可以直接输入所需数值，也可以单击微调按钮来调节。

【角度】：指所倒角的角度尺寸值，可以直接输入所需数值，也可单击微调按钮来调节。

【需倒角的元素】：指对需要过渡的实体上的边的选取。

【反方向】：指与默认方向相反的方向进行操作，分别按照两个方向生成实体。

注意：两个平面的棱边才可以倒角。

3.3.3 归纳总结

本任务主要说明了导动造型设计的方法和步骤，并详细说明了该命令在应用过程中的注意事项。利用"导动"命令可以设计出比较复杂的几何形状。

3.3.4 巩固提高

利用导动造型设计的命令和学过的其他相关的命令，绘制如图 3-55 所示的零件图。

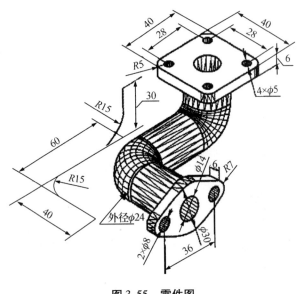

图 3-55　零件图

任务4　放样造型设计

【任务要求】　应用"放样造型设计"命令，绘制如图 3-56 所示的零件图。

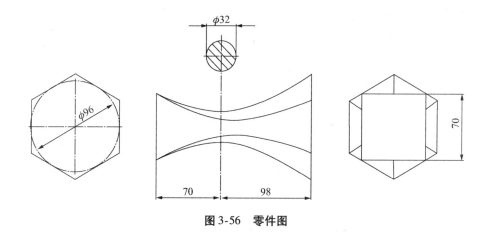

图 3-56 零件图

3.4.1 知识准备

（1）功能

放样增料或放样除料是指根据多个截面线轮廓生成或去除一个实体。

（2）操作

① 单击"放样增料"按钮 或者"放样除料"按钮 ，或执行"造型"→"特征生成"→"增料"或"除料"→"放样"弹出"放样"对话框；② 选取轮廓线，单击"确定"按钮完成操作。

（3）参数

【轮廓】：指对需要放样的草图。

【上和下】：指调节拾取草图的顺序。

注意：

① 轮廓按照操作中的拾取顺序排列。

② 拾取轮廓时，要注意状态栏指示，拾取不同边，不同位置，产生不同的结果。

③ 截面线应为草图轮廓。

3.4.2 绘制过程

【步骤1】 绘制草图1（正六边形）

① 在特征树中，选择平面XY，单击"绘制草图"按钮 或按F2键，进入草图状态；② 单击"正多边形"按钮 ，选择"中心"、"边数=6"、"外切"，拾取原点作为"中心"，按回车键，输入坐标"-48，0，0"绘制正六边形，如图3-57所示。

【步骤2】 绘制草图2（圆）

① 单击"绘制草图"按钮 或按F2键，退出草图状态，按F8键。单击"构造基准面按钮" ，弹出"构造基准面"对话框，选择"等距平面确定基准面"、"距离=98"、构造条件中，拾取"平面XY"，单击"确定"按钮，创建"平面1"；② 在特征树中，选择平面1，单击"绘制草图"按钮 或按F2键，进入草图状态，按F5键。拾取坐标原点作为圆心，绘制 $\phi32$ 的圆，如图3-57所示。

【步骤3】 绘制草图3（正方形）

① 单击"绘制草图"按钮，或按 F2 键，退出草图状态，按 F8 键。单击"构造基准面按钮"，弹出"构造基准面"对话框选择"等距平面确定基准面"、"距离 = 168"、构造条件中，拾取"平面 XY"，单击"确定"按钮，创建"平面2"；② 在特征树中，选择平面2，单击"绘制草图"按钮，或按 F2 键，进入草图状态，按 F5 键，单击"矩形"按钮，选择"中心_长_宽"，输入"长度 = 70"，"宽度 = 70"，拾取坐标原点作为中心，绘制正方形，如图 3-57 所示。

【步骤4】 放样增料

单击"放样增料"按钮，依次选择上中下3个草图，注意拾取草图的位置不同，形成的放样的棱线不同，拾取结束后，单击"确定"按钮。如果实体发生了扭曲，和图纸不符，单击"取消上一次"按钮，返回后重新拾取草图，结果如图 3-58 所示。

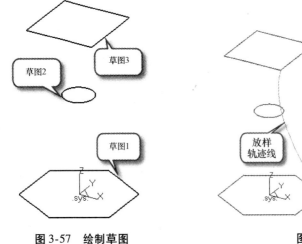

图 3-57 绘制草图　　　　图 3-58 放样增料

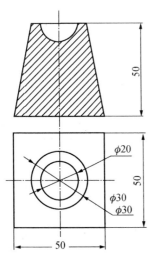

图 3-59 天圆地方的实体模型

3.4.3 归纳总结

本任务主要说明了利用"放样"命令进行模型设计的方法、步骤和注意事项。放样的截面需要建立在不同的草图平面内。在放样设计的过程中依次拾取草图后，单击"确定"按钮，生成放样模型。但要注意草图拾取过程中的拾取位置不同，会形成不同的放样结果。

3.4.4 巩固提高

利用放样设计的命令，绘制如图 3-59 所示的天圆地方的实体模型。

任务5　实体造型综合实例

【任务要求】　应用造型设计的相关命令,绘制如图3-60所示的零件图。

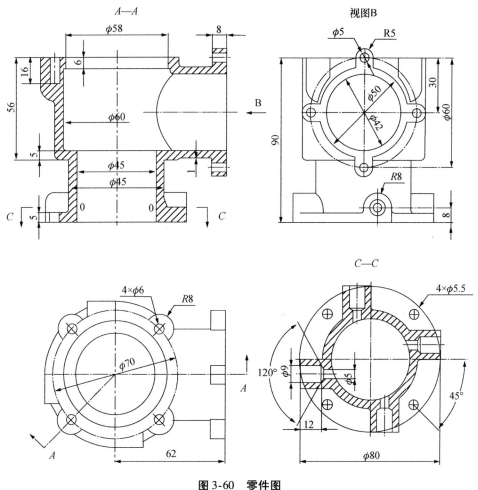

图3-60　零件图

3.5.1　绘制过程

【步骤1】　旋转增料

① 在特征树中,选择平面XZ,单击"绘制草图"按钮或按F2键,进入草图状态,利用"直线"、"等距线"、"裁剪"、"删除"等命令绘制如图3-61所示的草图;② 单击"绘制草图"按钮或按F2键,退出草图状态,单击"直线"按钮,利用"水平/铅垂线"的"垂线"命令,在XZ平面内,绘制空间垂线作为旋转轴线;③ 利用"旋转增料"命令绘制实体模型,如图3-62所示。

【步骤2】 拉伸增料

① 在特征树中，选择平面 XZ，单击"绘制草图"按钮 ☑ 或按 F2 键，进入草图状态，利用"圆"命令绘制草图；② 单击"拉伸增料"按钮 ☑，输入参数"深度=62"，绘制结果，如图 3-63 所示。

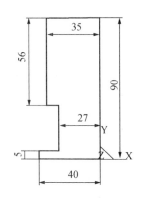

图 3-61 绘制草图

图 3-62 旋转增料

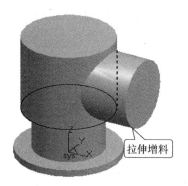

图 3-63 拉伸增料

【步骤3】 拉伸增料与特征阵列

① 单击"构造基准面"按钮 ☒，出现"构造基准面"对话框，选择"等距平面确定基准面"、"距离=40"、构造条件中，拾取"平面 YZ"，单击"确定"按钮，生成"平面"；② 在特征树中，选择平面，单击"绘制草图"按钮 ☑ 或按 F2 键，进入草图状态，绘制如图 3-64 所示的图形；③ 单击"拉伸增料"按钮 ☑，输入参数"深度=40"，选择向实体方向拉伸，单击"确定"按钮后，绘制结果，如图 3-65 所示；④ 单击"环形阵列"按钮 ☑，选择阵列对象为上述拉伸增料，选择空间的铅垂线为旋转轴，选择"角度=90"、"数目=4"，阵列方式为"单个阵列"、"自身旋转"，选择结束后，单击"确定"按钮，结果如图 3-66 所示。

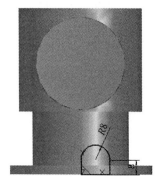

图 3-64 绘制草图

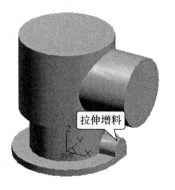

图 3-65 拉伸增料

图 3-66 阵列特征

【步骤4】 旋转增料与特征阵列

① 单击"构造基准面"按钮 ☒，出现"构造基准面"对话框，选择"过直线与平面成夹角确定基准平面"、"角度=45"、构造条件中，拾取"平面 YZ"、拾取直线为拾取空间铅垂线，单击"确定"按钮，生成"平面"；② 在特征树中，选择最新建立的平面，单击"绘制草图"按钮 ☑ 或按 F2 键，进入草图状态，绘制如图 3-67 所示的图形；③ 单击"绘制草图"按钮 ☑ 或按 F2 键，退出草图状态，单击"直线"按钮，利用"水平/铅垂

线"的"垂线"命令,在 XZ 平面内,绘制空间垂线作为旋转轴线,如图 3-67 所示;④ 利用"旋转增料"命令绘制实体模型;⑤ 单击"环形阵列"按钮,阵列出 4 个特征,如图 3-68 所示。

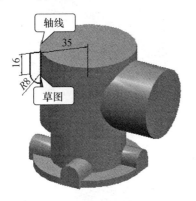
图 3-67　草图与回转轴线

图 3-68　阵列回转特征

【步骤5】　拉伸增料

① 选择实体表面,单击"绘制草图"按钮或按 F2 键,进入草图状态,绘制如图 3-69 所示的图形;② 单击"拉伸增料"按钮,输入参数"深度 = 8",选择向实体方向拉伸,单击"确定"按钮后,绘制结果如图 3-70 所示。

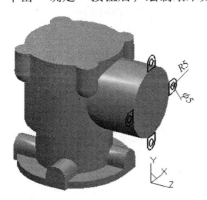
图 3-69　草图与回转轴线

图 3-70　拉伸增料

【步骤6】　旋转除料

① 在特征树中,选择平面 YZ,单击"绘制草图"按钮或按 F2 键,进入草图状态,绘制如图 3-71 的草图;② 单击"旋转除料"按钮,弹出"旋转"对话框;选取旋转类型为"单向旋转",输入"旋转角度"为"360",拾取"草图",拾取铅垂线作为空间轴线,单击"确定"按钮完成操作,结果如图 3-72 所示。

【步骤7】　拉伸除料与环形阵列

① 选择实体表面,单击"绘制草图"按钮或按 F2 键,进入草图状态,绘制如图 3-73的草图;② 单击"拉伸除料"按钮,弹出"拉伸除料"对话框,选取类型为"固定深度""深度"为"16"、拉伸对象"草图"、拉伸为"实体特征";③ 单击"环形阵列"按钮,阵列出 4 个孔的特征,如图 3-74 所示。

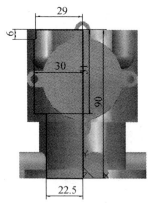

图 3-71　草图与回转轴线

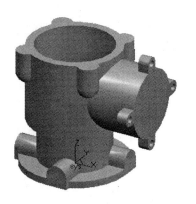

图 3-72　旋转除料

图 3-73　绘制孔的草图

图 3-74　拉伸除料与环形阵列

【步骤 8】 拉伸除料

① 选择实体表面，单击"绘制草图"按钮 或按 F2 键，进入草图状态，绘制如图 3-75 的草图；② 单击"拉伸除料"按钮 ，弹出"拉伸除料"对话框，选取类型为"固定深度""深度"为"16"、拉伸对象"草图"、拉伸为"实体特征"，绘图如图 3-76 所示的拉伸除料特征。

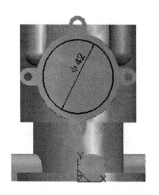

图 3-75　绘制孔的草图

图 3-76　拉伸除料

【步骤 9】 旋转除料与阵列

① 单击"构造基准面"按钮 ，选择"等距平面确定基准平面"、"距离 = 8"、构造

条件中,拾取特征树的"平面XZ",选择生成的平面的位置在XZ平面右侧,单击"确定"按钮,生成"平面";② 在特征树中,选择最新建立的平面,单击"绘制草图"按钮 或按F2键,进入草图状态,绘制如图3-77所示的图形;③ 单击"绘制草图"按钮 或按F2键,退出草图状态,单击直线按钮,利用"水平/铅垂线"的"水平"命令,在XY平面内,拾取草图的一个端点,绘制空间垂线作为旋转轴线,如图3-77所示;④ 利用"旋转除料"命令绘制孔的实体模型;⑤ 单击"环形阵列"按钮 ,阵列出4个孔特征;⑥ 删除空间的直线,得到最终的绘制结果,如图3-78所示。

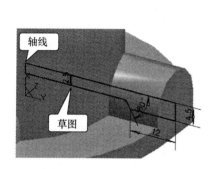

图 3-77　绘制旋转孔的草图

图 3-78　绘制结果

3.5.2　归纳总结

在本任务中,主要描述了利用CAXA实体造型设计的命令进行实体设计的过程,在设计过程中,根据图纸的要求,合理地选择不同的造型命令和命令参数,进行正确而快速的造型设计。

3.5.3　巩固提高

利用所学的造型设计的相关命令,绘制如图3-79所示的零件图

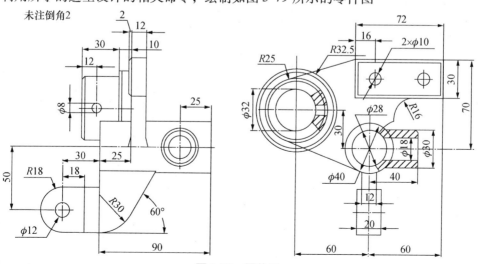

图 3-79　零件图

任务6 实体曲面复合造型设计

【任务要求】 应用曲面实体复合造型的相关命令，绘制如图 2-36 所示的鼠标的实体三维图形。

3.6.1 知识准备

1. 曲面加厚增料

（1）功能

曲面加厚增料是指对指定的曲面按照给定的厚度和方向进行生成实体。

（2）操作

① 单击"曲面加厚增料"按钮，或执行"造型"→"特征生成"→"增料"→"曲面加厚"命令；② 在弹出的"曲面加厚"对话框中，输入"厚度"、选择加厚方向、是否闭合曲面填充、加厚曲面；③ 拾取要加厚曲面，单击"确定"按钮。闭合曲面与非闭合曲面加厚增料的操作过程如图 3-80 所示。

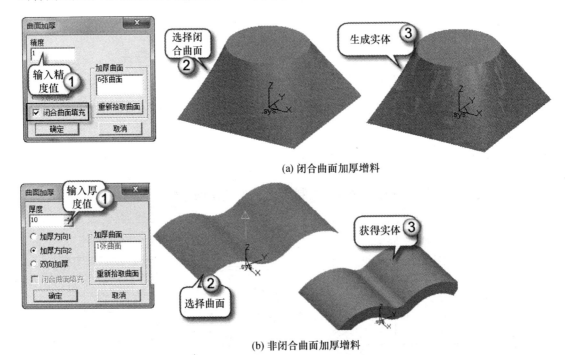

(a) 闭合曲面加厚增料

(b) 非闭合曲面加厚增料

图 3-80 曲面加厚增料的操作过程

（3）参数

【加厚方向 1】：指曲面的法线方向，生成实体。

【加厚方向 2】：指与曲面法线相反的方向，生成实体。

【双向加厚】：指从两个方向对曲面进行加厚，生成实体。

【加厚曲面】：指需要加厚的曲面。
注意：
① 加厚方向选择要正确。
② 应用曲面加厚除料时，实体应至少有一部分大于曲面。若曲面完全大于实体，系统会提示特征操作失败。

2. 曲面裁剪除料

（1）功能
用生成的曲面对实体进行修剪，去掉不需要的部分。
（2）操作
① 单击"曲面裁剪除料"按钮❷或执行"造型"→"特征生成"→"除料"→"曲面裁剪"命令；② 拾取曲面、选择除料方向；③ 单击"确定"按钮；④ 隐藏曲面后，得到裁剪的实体。其操作过程如图 3-81 所示。

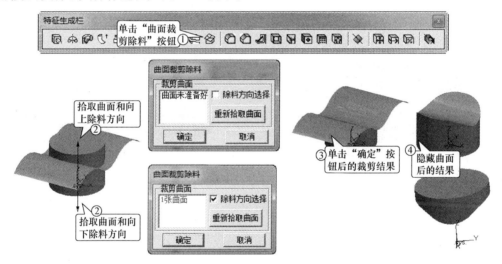

图 3-81　曲面裁剪除料的操作过程

注意：
① 除料方向选择是指除去哪一部分实体的选择，分别按照不同方向生成实体。
② 在特征树中，右击"曲面裁剪"，后"修改特征"，弹出的对话框，其中增加了"重新拾取曲面"的按钮，可以此来重新选择裁剪所用的曲面。

3.6.2　绘制过程

【方法一】　利用"曲面加厚增料"命令绘制三维实体
① 执行"文件"→"打开"命令，打开项目 2 曲面造型设计中 2-36 图中绘制的鼠标的曲面图形；② 单击"曲面加厚增料"按钮❷，在弹出的"曲面加厚"对话框中，输入"精度"为"0.5"、选择闭合曲面填充；③ 框选拾取 14 张曲面，单击"确定"按钮，结果如图 3-82 所示。此时生成的实体模型和曲面模型处于重合的状态，可以选择曲面隐藏。

【方法二】　利用"曲面裁剪除料"命令绘制三维实体
① 在特征树中，选择平面 XY，单击"绘制草图"按钮❷或按 F2 键，进入草图状态，

绘制草图；② 单击"拉伸增料"按钮，输入参数"深度"为"60"，选择拉伸方向，单击"确定"按钮后，绘制结果，如图 3-83 所示；③ 重复项目 2 任务 4 中"步骤 3"、"步骤 4"、"步骤 5"的绘制过程，绘制曲面，结果如图 3-84 所示；④ 单击"曲面裁剪除料"按钮，出现"曲面裁剪除料"对话框，拾取曲面、选择除料方向，单击"确定"按钮。隐藏曲面后，得到裁剪的实体，结果如图 3-85 所示；⑤ 单击"过渡"按钮，弹出"过渡"对话框，输入"半径 = 12"，其他参数默认，拾取需要过渡元素，单击"确定"按钮，完成操作。隐藏空间曲线，绘制结果如图 3-86 所示。

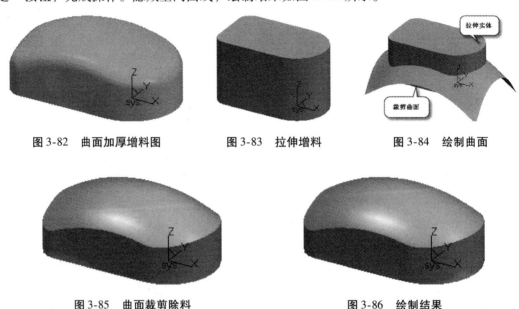

图 3-82 曲面加厚增料图　　图 3-83 拉伸增料　　图 3-84 绘制曲面

图 3-85 曲面裁剪除料　　图 3-86 绘制结果

3.6.3 归纳总结

本任务主要说明了曲面和实体的复合造型命令和操作过程，通过"曲面加厚增料"和"曲面裁剪除料"，可以设计和绘制非常复杂的曲面零件。但是在利用"闭合曲面加厚增料"命令时，需要注意两个问题，一是所绘制的曲面必须闭合组成一个封闭空间，二是注意应该合适选择精度，如果精度过高，可能导致实体图形无法正确生成。

3.6.4 巩固提高

对项目 2 曲面造型设计中的图 2-60 所示的吊钩曲面，进行曲面实体复合造型，生成三维实体吊钩特征。

3.6.5 其他知识点

1. 抽壳

（1）功能
根据指定壳体的厚度将实心物体抽成内空的薄壳体。

（2）操作

① 单击"抽壳"按钮，或执行"造型"→"特征生成"→"抽壳"命令；② 输入抽壳厚度，选取需抽去的面，单击"确定"按钮完成操作。

（3）参数

【厚度】：指抽壳后实体的壁厚。

【需抽去的面】：指要拾取的去除材料的实体表面。

【向外抽壳】：指与默认抽壳方向相反，在同一个实体上分别按照两个方向生成实体，结果是尺寸不同。

2. 拔模

（1）功能

拔模是指保持中性面与拔模面的交轴不变（即以此交轴为旋转轴），对拔模面进行相应拔模角度的旋转操作。

（2）操作

① 单击"拔模"按钮，或执行"造型"→"特征生成"→"拔模"命令；② 输入拔模角度，选取中立面和拔模面，单击"确定"按钮完成操作。

（3）参数

【拔模角度】：指拔模面法线与中立面所夹的锐角。

【中立面】：指拔模起始的位置。

【拔模面】：指需要进行拔模的实体表面。

【向里】：指与默认方向相反，分别按照两个方向生成实体。

3. 筋板

（1）功能

筋板是指在指定位置增加加强筋。

（2）操作

① 单击"筋板"按钮，或执行"造型"→"特征生成"→"筋板"命令；② 选取筋板加厚方式，输入厚度，拾取草图，单击"确定"按钮完成操作。

（3）参数

【单向加厚】：指按照固定的方向和厚度生成实体。

【反向】：指与默认给定的单向加厚方向相反。

【双向加厚】：指按照相反的方向生成给定厚度的实体，厚度以草图平分。

【加固方向反向】：指与默认加固方向相反，为按照不同加固方向所做的筋板。

4. 孔

（1）功能

孔是指在平面上直接去除材料生成各种类型的孔。

（2）操作

① 单击"孔"按钮，或执行"造型"→"特征生成"→"孔"命令，弹出"孔的类型"对话框；② 拾取打孔平面，选择孔的类型，指定孔的定位点，单击"下一步"

按钮，弹出"孔的参数"对话框；③ 输入孔的参数，单击"确定"按钮完成操作。

（3）参数

主要是不同类型的孔的直径、深度、沉孔和钻头等参数的尺寸值。

【通孔】：指将整个实体贯穿。

5．缩放

（1）功能

缩放是指给定基准点对零件进行放大或缩小。

（2）操作

① 单击"缩放"按钮，或执行"造型"→"特征生成"→"缩放"命令，弹出"缩放"对话框；② 选择基点，输入收缩率，需要时输入数据点，单击"确定"按钮完成操作。

（3）参数

基点包括3种：零件质心、拾取基准点和给定数据点。

【零件质心】：指以零件的质心为基点进行缩放。

【拾取基准点】：指根据拾取的工具点为基点进行缩放。

【给定数据点】：指以输入的具体数值为基点进行缩放。

【收缩率】：指放大或缩小的比率。此时零件的缩放基点为零件模型的质心。

6．型腔

（1）功能

型腔是指以零件为型腔生成包围此零件的模具。

（2）操作

① 单击"型腔"按钮，或执行"造型"→"特征生成"→"型腔"命令，弹出"型腔"对话框；② 分别输入收缩率和毛坯放大尺寸，单击"确定"按钮完成操作。

（3）参数

【收缩率】：指放大或缩小的比率。

【毛坯放大尺寸】：指可以直接输入所需数值，也可以单击微调按钮来调节。

7．分模

（1）功能

分模是指型腔生成后，通过分模，使模具按照给定的方式分成几个部分。

（2）操作

① 单击"分模"按钮，或执行"造型"→"特征生成"→"分模"命令，弹出"分模"对话框；② 选择分模形式和除料方向，拾取草图，单击"确定"按钮完成操作。

（3）参数

分模形式包括两种：草图分模和曲面分模。

【草图分模】：指通过所绘制的草图进行分模。

【曲面分模】：指通过曲面进行分模，参与分模的曲面可是多张边界相连的曲面。

【除料方向选择】：指除去哪一部分实体的选择，分别按不同方向生成实体。

项目小结

本项目主要说明了实体造型设计的各种命令和应用方法，通过本课程能够根据图纸的要求合理地选择造型方法，并能够合理、快速地进行实体造型设计。

项目训练

选择合适的实体设计的命令，绘制图 3-87～图 3-93 的零件图。

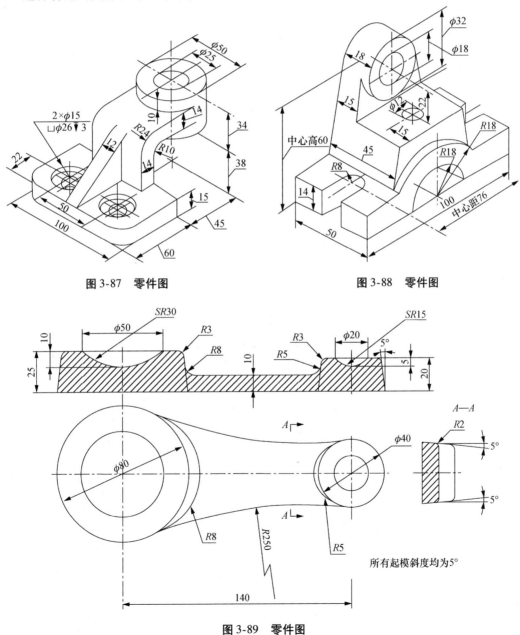

图 3-87 零件图

图 3-88 零件图

图 3-89 零件图

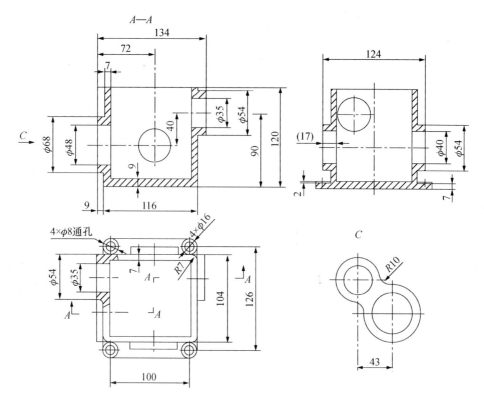

图 3-90 零件图

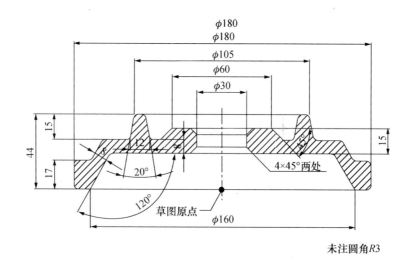

图 3-91 零件图

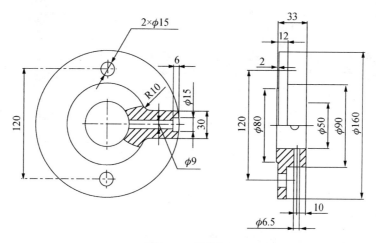

图 3-92　零件图

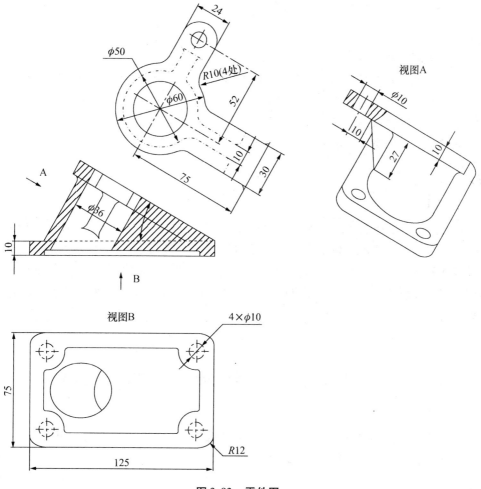

图 3-93　零件图

项目4 平面类零件的数控铣自动编程

知识目标

通过本项目的学习,能够根据平面类零件特点选择合适的加工命令,掌握自动编程中,区域式粗加工、平面区域粗加工、平面轮廓精加工、轮廓线精加工等加工命令中各种加工参数设置,并能够生成正确的加工代码。

技能目标

1. 学会简单平面类零件的工艺分析,合理地安排加工步骤和选择切削用量。
2. 学会选择适合平面类零件的加工命令。
3. 学会合理选择铣削刀具,并填写各种不同的加工参数。
4. 能够生成平面类零件的加工程序代码,并可以进行加工仿真。

项目描述

平面类零件是指加工平面与水平平行或者与水平面垂直的零件,以及加工平面与水平平面的夹角为值的零件,这类零件可以展开为平面,平面类零件的加工主要用于平面区域、平面内外轮廓、台阶面和曲面轮廓的加工。平面类零件的加工主要通过逐层切削工件来创建刀具路径,可以用于零件的粗加工、精加工,尤其适合与需要切除大量余量的场合。

任务1 外凸台零件的数控铣削自动编程

【任务要求】 完成图4-1所示为一凸台外轮廓加工的零件图,毛坯为 $\phi 80 \times 30$ mm 棒料,工件下表面已经加工,材料为45钢。

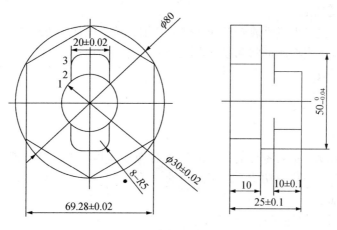

图 4-1 凸台零件的零件图

4.1.1 知识准备

1. CAXA 制造工程师软件的编程方法

CAXA 制造工程师是数控铣削自动编程软件,它提供了 2~5 轴的数控铣加工功能,20 多种生成数控加工轨迹的方法,包括粗加工、精加工、补加工、孔加工等,可以完成平面、曲面和孔等零件的数控编程。其中,平面区域粗加工和平面轮廓精加工用于平面轮廓零件的加工,等高线粗加工、等高线精加工、扫描线精加工、三维偏置精加工、参数线精加工、浅平面精加工、限制线精加工、笔式补加工和区域式补加工等主要用于曲面零件的加工。

2. CAXA 制造工程师软件的编程步骤

使用 CAXA 制造工程师软件进行数控编程的一般步骤如下:
(1) 确定加工方案;
(2) 建立加工模型;
(3) 建立毛坯;
(4) 建立刀具;
(5) 选择加工方法,填写加工参数;
(6) 生成刀具轨迹,进行轨迹仿真;
(7) 设置机床后置参数,生成 G 代码。

3. 本任务所采用的平面类零件加工的命令

(1) 区域式粗加工

区域式粗加工属于两轴加工,其优点是不必有三维模型,只要给出零件的外轮廓和岛屿,就可以生成加工轨迹,并且可以在轨迹的尖角处自动增加圆弧,保证轨迹光滑,以符合高速加工的要求。

(2) 轮廓线精加工

轮廓线精加工也是生成沿着轮廓线切削的切削轨迹,该加工方式在毛坯和零件几乎一致时最能体现优势,当毛坯形状和零件形状不一致时,使用这种加工方式将出现很多空行程,反而影响加工效率。

4. 数控铣削加工工艺的制定

(1) 数控加工工艺分析

加工工艺分析就是指对零件的加工顺序进行规划,其具体安排应该根据零件的结构、材料特性、夹紧定位、机床功能、加工部位的数量,以及安装次数等进行灵活划分,一般可根据"粗—精加工"进行划分。

① 粗加工阶段。粗加工阶段是为了去除毛坯上大部分的余量,使毛坯在形状和尺寸上基本接近零件的成品状态,这个阶段最主要的问题是如何获得较高的生产率。

② 半精加工阶段。半精加工阶段是使零件的主要表面达到工艺规定的加工精度,并保留一定的精加工余量,为精加工做好准备。半精加工阶段一般安排在热处理之前进行,在这个阶段,可以将不影响零件使用性能和设计精度的零件次要表面加工完毕。

③ 精加工阶段。精加工阶段的目的是保证加工零件达到设计图纸所规定的尺寸精度、技术要求和表面质量要求。零件精加工的余量都很小,主要考虑的问题是如何达到最高的加工精度和表面质量。

(2) 设置加工工艺参数

加工工艺参数的选择是数控加工关键因素之一,它直接影响到加工效率、刀具寿命或零件精度等问题。合理地选择切削用量要有丰富的实践经验,在数控编程时,只能凭借编程者的经验和刀具切削用量的推荐值初步确定,而最终的切削用量将根据数控程序的调试结果和实际加工情况来确定。

合理地确定加工工艺参数的原则是:粗加工时,为了提高效率,在保证刀具、夹具和机床刚性足够的条件下,切削用量选择的顺序是,首先把切削深度选大一些,其次选择较大的进给量,然后选择适当的切削速度;精加工时,加工余量小,为了保证工件的表面粗糙度,尽可能增加切削速度,这时可适当减少进给量。

① 粗加工。粗加工是大体积切除工件材料,表面质量要求很低。工件表面粗糙度 Ra 要达到 12.5~25 μm,可以取轴向切削深度为 3~6 mm,径向切削深度为 2.5~5 mm,为后续半精加工留有 1~2 mm 的加工余量。如果粗加工后直接精加工,则留有 0.5~1 mm 的加工余量。

② 半精加工。半精加工是把粗加工后的表面加工得光滑一点,同时切除凹角的残余材料,给精加工预留厚度均匀的加工余量。半精加工后工件表面的粗糙度 Ra 要达到 3.2~12.5 μm,轴向切削深度和径向切削深度可取 1.5~2 mm,给后续精加工留有 0.3~0.5 mm 的加工余量。

③ 精加工。精加工是最后达到尺寸精度和表面粗糙度要求的加工。工件的表面粗糙度 Ra 要达到 0.8~3.2 μm,轴向切削深度可取 0.5~1 mm,径向切削深度可取 0.3~0.5 mm。

(3) 刀具材料与种类

刀具材料对刀具使用寿命、加工效率、加工质量和加工成本都有很大影响,因此必须合理选择。

常见的刀具材料有：高速钢、硬质合金、涂层刀具、陶瓷材料、人造金刚石、立方氮化硼。

刀具种类：端铣刀、成型铣刀、球头铣刀。

端铣刀是数控铣削加工中最常用的一种铣刀，广泛用于加工平面类零件。端铣刀除用其端刃铣削外，也常用其侧刃铣削，有时端刃、侧刃同时进行铣削，端铣刀也可称为圆柱铣刀。

成型铣刀一般都是为特定的工件或加工内容专门设计制造的，适用于加工平面类零件的特定形状（如角度面、凹槽面等），也适用于特形孔或台。

球头铣刀适用于加工空间曲面零件，有时也用于平面类零件较大的转接凹圆弧的补加工。

（4）数控切削用量

数控切削用量主要包括"铣削速度"、"进给速度"和"切削深度"等。合理地选择切削用量的原则是：粗加工时，一般以提高生产率为主，但也应考虑经济性和加工成本。半精加工和精加工时，应在保证加工质量的前提下，兼顾切削效率、经济性和加工成本。具体数值应根据机床说明书切削用量手册，并结合经验而定。

铣削速度通常根据主轴转速、刀具材料、切削毛坯材料等因素，选择较大的进给率以提高加工效率，一般设定为 300～600 mm/min。

数控加工中，为保证零件必要的加工精度和表面粗糙度，建议留少量的余量（0.2～0.5 mm），在最后的精加工中沿轮廓走一刀。粗加工时，除了留有必要的半精加工和精加工余量外，在工艺系统刚性允许的条件下，应以最少的次数完成粗加工。留给精加工的余量应大于零件的变形量和确保零件表面完整性。

切削速度按照通常的经验值高速钢中 $\phi3 \sim \phi16$（mm）刀具，一般设置主轴转速为 500～1 800 r/min，硬质合金刀具的转速为 1 500～3 000 r/min（高速加工除外）。

4.1.2 工艺准备

1. 加工准备

选用机床：TK7650 型 FANUC 系统数控铣床。

选用夹具：平口虎钳夹紧定位。

使用毛坯：$\phi80 \times 30$ mm 的棒料，材料为 45 钢。

2. 工艺分析

该零件主要由 3 个不同的外形的台阶组成，其中六方形对边长度、圆柱体直径，以及键的长宽均有公差要求，工件表面粗糙度要求 Ra 为 3.2 μm，加工精度要求较高。

根据零件形状和加工精度要求，可以一次装夹完成所有的加工内容，采用先粗后精的原则确定加工顺序。

为了提高加工精度，切削六边形时，刀具沿着切线方向切入切出；切削圆柱凸台时，刀具沿着圆弧方向切入切出。

3. 加工工艺卡

本任务的加工工艺卡如表 4-1 所示。

表 4-1 加工工艺卡

×××厂	数控加工工序卡片	产品代号	零件名称	零件图号
		×××	凸台零件	×××
工艺序号	程序编号	夹具名称	夹具编号	使用设备	车间
×××	×××	平口钳	×××	TK7650	×××
工步号	工步内容（加工面）	刀具号	刀具规格	主轴转速 (r/min)	进给速度 (mm/min)	背吃刀量 (mm/min)
1	手动铣顶面，保证 $25_{-0.1}^{+0.1}$	T01	φ18 平底刀	800	80	
2	粗铣圆柱	T01	φ18 平底刀	800	80	
3	粗铣带圆角凸台	T01	φ18 平底刀	800	80	
4	粗铣六边形	T01	φ18 平底刀	800	80	
5	精铣圆柱	T02	φ14 平底刀	500	100	
6	精铣带圆角凸台	T02	φ14 平底刀	500	100	
7	精铣六边形	T02	φ14 平底刀	500	100	
编制		审核		批准	共 页 第 页	

4.1.3 编制加工程序

1. 确定加工命令

根据本任务零件的特点，选用区域式粗加工和轮廓线精加工的方法进行加工

2. 建立加工模型

（1）建立零件模型

本任务是建立凸台零件的加工模型，按照区域式粗加工的要求，可以建立零件的外轮廓和岛屿的二维图形，如图 4-2 所示。

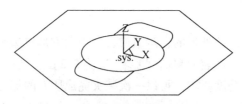

图 4-2 建立凸台零件的加工模型

数控编程前，需要准备好零件模型；用于数控编程的零件模型可以是实体模型、曲面模型，有些编程方法可以使用线架模型；零件模型的建立有以下几种方法。

① CAXA 制造工程师软件造型

根据工程图，直接使用 CAXA 软件进行造型。该方法在前面的部分已介绍，此处不再赘述。对于已建立的模型可以使用"打开"命令，使其显示在绘图区。

② 导入其他 CAD 软件的模型

使用其他软件创建的模型，可以导入 CAXA 制造工程师软件中使用。虽然 CAXA 软件可以读取多种文件格式，但笔者建议导入 Parasolid 格式。

(2) 建立加工坐标系

建立加工坐标系步骤：① 在"坐标系"工具栏上，单击"创建坐标系"按钮；② 在立即菜单中选择"单点"方式；③ 按回车键，在弹出的对话框中输入坐标值"0, 0, 25"；④ 再次按回车键，输入新坐标系名称"MCS"；⑤ 按回车键完成坐标系的创建，如图 4-3 所示。

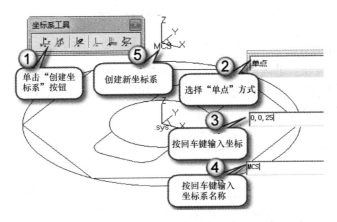

图 4-3 创建坐标系的步骤

使用 CAM 软件编程时，为了编程的方便，通常要确定加工坐标系 (MCS)。加工坐标系决定了刀轨的零点。为了便于对刀，加工坐标系的原点通常设置零件上表面的中心，Z 轴方向必须和机床坐标系 Z 轴方向一致。

如果使用 CAXA 制造工程师建模时所使用的系统坐标系 (sys) 符合上述要求，可以不用再建立坐标系，直接指定系统坐标系为加工坐标系即可。

3. 建立毛坯

(1) 利用"两点方式"建立毛坯的步骤。

① 在"加工管理"窗口，双击"毛坯"图标 毛坯，系统弹出"定义毛坯"对话框；② 选择"毛坯定义"方式为"两点方式"；③ 单击"拾取两点"按钮；④ 按回车键输入第一点的坐标 (-40, 40)；⑤ 再按回车键输入第二点的坐标 (40, -40)；⑥ 在毛坯"大小"的"高度"栏内输入高度"25"；⑦ 输入基准点坐标 (-40, -40, 0)；⑧ 选择毛坯类型为棒料；⑨ 单击"确定"按钮，完成毛坯的建立。建立毛坯为蓝色线框显示，如图 4-4 所示。

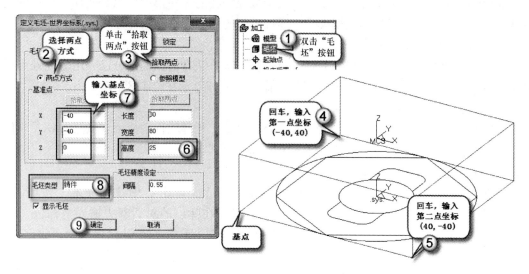

图 4-4　建立毛坯的操作过程

（2）建立毛坯的方法。

系统提供了 3 种建立毛坯的方法，分别是"两点方式"、"三点方式"、"参照模型"，通常使用"参照模型"方式建立毛坯。"定义毛坯"对话框中参数含义如表 4-2 所示。目前，CAXA 制造工程师只支持长方体毛坯。

表 4-2　"定义毛坯"参数的含义

选　　项	含　　义
基准点	指毛坯左下角点在世界坐标系（sys）中的坐标值
长度，宽度，高度	是毛坯在 X 方向，Y 方向，Z 方向的尺寸
毛坯类型	设置毛坯的材料，主要是填写工艺清单时需要
显示毛坯	设置是否在工作区中显示毛坯
锁定	禁止更改毛坯参数

4．建立刀具

（1）打开"刀具库管理"对话框

在"加工管理"窗口，双击"刀具库"，弹出"刀具库管理"对话框，并显示当前刀具库中已存在的刀具，如图 4-5 所示。在该对话框中，可进行刀具的增加、编辑、删除等操作。

（2）打开"刀具定义"对话框

在"刀具库管理"对话框中，单击"增加刀具"按钮，弹出"刀具定义"对话框，如图 4-6 所示。

项目4 平面类零件的数控铣自动编程

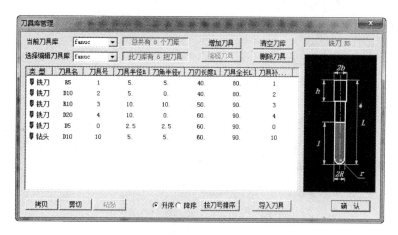

图4-5 "刀具库管理"对话框

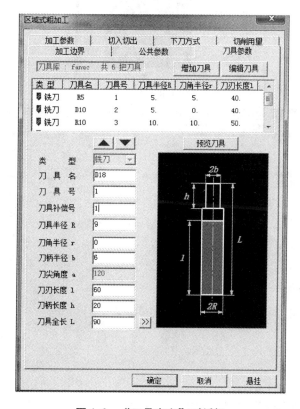

图4-6 "刀具定义"对话框

（3）输入刀具参数，建立 $\phi 18$ 新刀具

选择"刀具类型"为"铣刀"、输入"刀具名称"为"D18"，输入"刀具半径"为"9"、"刀角半径"为"0"，单击"确定"按钮，完成刀具的建立。新建立的刀具将显示在"刀具库管理"对话框的刀具列表中。

（4）按照上述方式建立 $\phi 14$ 的新刀具

5. 加工步骤

【步骤1】 粗加工圆柱凸台

(1) 选择"区域式粗加工"方法

在"加工"工具栏上，单击"区域式粗加工"按钮 ⌘，或在菜单栏依次执行"加工"→"粗加工"→"区域式粗加工"命令，弹出"区域式粗加工"对话框，可对各选项中的参数进行设置，如图4-7（a）～（g）所示。选项卡中各个参数的设置按照表4-3，选项卡中的参数说明参见本部分的"相关知识"。

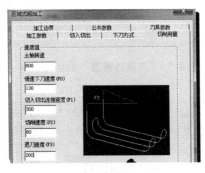

(a) 切削用量

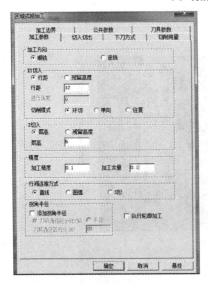

(b) 加工参数

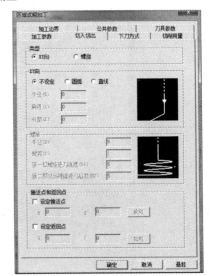

(c) 切入切出

(d) 下刀方式

(e) 加工边界

图4-7 区域式粗加工的加工参数设置

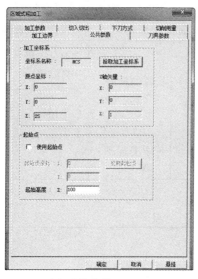
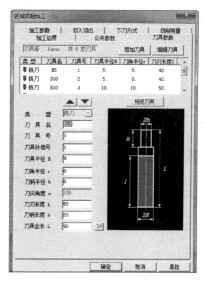

(f) 公共参数　　　　　　　　　(g) 刀具参数

图 4-7　区域式粗加工的加工参数设置（续）

表 4-3　区域式粗加工的加工参数表

刀具参数			切削用量		
刀具名		D18		主轴转速	800
刀具号		01		慢速下刀速度	100
刀具补偿号		01	速度值	切入切出连接速度	300
刀具半径 R		9		切削速度	80
刀角半径 r		0		退刀速度	200
刀柄半径 b		6	加工边界		
刀尖角度 a		120	Z 设定	☑使用有效的 Z 范围	最大　0
刀刃长度 l		60			最小　-9.9
刀柄长度 h		5	相对于边界的刀具位置	○边界内侧　⊙边界上 ○边界外侧	
刀具全长 L		90	加工参数		
公共参数			加工方向	⊙顺铣　○逆铣	
加工坐标系	加工坐标系名称	MCS	XY 切入	⊙行距 ○残留高度	行距　12
起始点	□使用起始点		切削模式	⊙环切　○单向　○往复	
	起始高度　Z	100	Z 切入	⊙层高 ○残留高度	层高　6
切入切出			精度	加工精度	0.1
类型	⊙XY 向　　○螺旋			加工余量	0.1

XY 向	⊙不设定		行间连接方式		⊙直线　○圆弧　○S形
	○圆弧	半径R			○刀具直径百分比
		角度A	拐角半径	□添加拐角半径	
	○直线	长度L			○半径
下刀方式				☑执行轮廓加工	
安全高度（H0）	20				
慢速下刀距离（H1）	10		—		—
退刀距离（H2）	10				

（2）填写参数表

按照表4-3所示的参数值在图4-7（a）～（g）中填入相应的参数值。

（3）生成加工轨迹

参数设置结束后，单击"确定"按钮，依状态栏提示"拾取轮廓"，在绘图区拾取φ80圆形轮廓线，再单击绿色箭头，以确定"搜索方向"，此时轮廓线全部被选中变成红色后，右击后；状态栏又提示"拾取岛屿"（若没有岛屿，则再右击，取消岛屿的选择）；此处的岛屿是φ30的圆形，岛屿拾取结束后右击，系统开始计算并生成刀具轨迹，如图4-8所示。此时在"加工管理"窗口增加一条刀具轨迹。

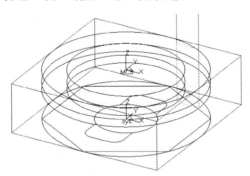

图4-8　粗加工圆柱的加工轨迹

（4）为刀具轨迹增加工艺说明

① 在"加工管理"窗口中"区域式粗加工"轨迹上右击，弹出快捷菜单；② 单击"工艺说明"项，弹出"工艺说明"对话框；③ 输入"圆柱凸台粗加工"；④ 单击"确定"按钮完成设置，则轨迹名称变为"区域式粗加工—圆柱凸台粗加工"，如图4-9所示。

（5）轨迹仿真

① 在"加工管理"窗口中"区域式粗加工—圆柱凸台粗加工"轨迹上右击，弹出快捷菜单，单击"实体仿真"项，弹出"CAXA轨迹仿真"对话框，如图4-10所示；② 单击"仿真加工"按钮 ，弹出"仿真加工"对话框；③ 单击"播放"按钮 ，开始仿真。

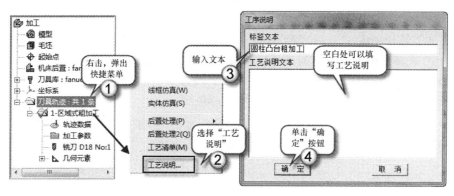

图 4-9 为刀具轨迹增加工艺说明

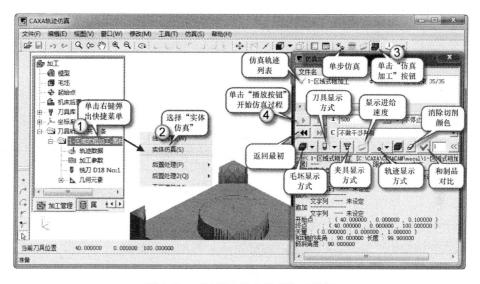

图 4-10 "CAXA 轨迹仿真"对话框

【步骤2】 粗加工带圆角凸台

(1) 复制、粘贴轨迹

① 在加工管理树中,右击"区域式粗加工—圆柱凸台粗加工"轨迹;② 在快捷菜单中选择"拷贝"选项;③ 再右击,在快捷菜单中选择"粘贴"选项;④ 增加一个名称为"区域式粗加工—圆柱凸台粗加工"的轨迹;⑤ 在该轨迹上右击,在快捷菜单中选择"工艺说明"选项,更改工艺说明为"带圆角凸台粗加工",如图 4-11 所示。

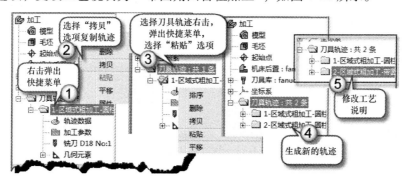

图 4-11 复制、粘贴轨迹的操作过程

(2) 修改加工区域

① 在加工管理树中"区域式粗加工—带圆角凸台粗加工"轨迹下，双击"几何元素"，弹出"轨迹几何编辑器"对话框，删除选中的轮廓曲线和增加新加工的轮廓曲线，如果和本题一样，本次加工的轮廓线和复制的轮廓线一致，则不做修改；② 在该对话框中选择"岛屿曲线"；③ 单击"删除"按钮，将删除该曲线；④ 在该对话框中单击"岛屿曲线"按钮，在绘图区拾取带圆角凸台轮廓曲线作为岛屿曲线；⑤ 单击"确定"按钮，弹出"是否重新生成刀具轨迹"对话框，单击"否"按钮，如图4-12所示。

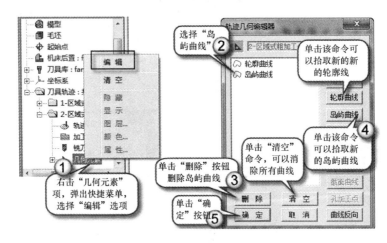

图 4-12　修改岛屿曲线

(3) 修改加工参数，生成刀具轨迹

在加工管理树中"区域式粗加工—带圆角凸台粗加工"轨迹下，双击"加工参数"，弹出"区域式粗加工"对话框，修改要修改的加工参数，如图4-13所示，单击"确定"按钮，弹出"是否重新生成刀具轨迹"对话框，单击"是"按钮重新生成刀具轨迹，最终外轮廓粗加工轨迹如图4-14所示。

注意：拾取的岛屿必须是闭合曲线，有时在拾取闭合曲线时，为了便于拾取，需要把部分曲线打断。本题的岛屿的拾取之前，需要把 $\phi 30$ 的圆在4个交点处打断。

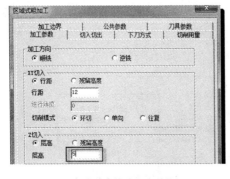　　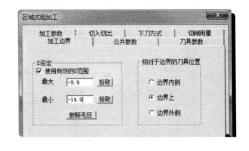

(a) 加工参数中修改的参数值　　　　　　(b) 加工边界中修改的参数值

图 4-13　修改的加工参数

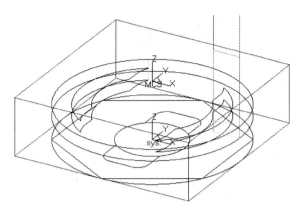

图 4-14 带圆角凸台粗加工的轨迹

(4) 轨迹仿真

在加工管理树中依次选择"区域式粗加工—圆柱凸台粗加工"和"区域式粗加工—带圆角凸台粗加工"轨迹进行轨迹仿真。

【步骤3】 粗加工六边形轮廓

(1) 选择轮廓线精加工方法

加工六边形外轮廓的过程中,由于加工余量比较少,可以采用"轮廓线精加工"和"平面轮廓线精加工"来完成。本题选用"轮廓线精加工"的加工方法。在"加工"工具栏上,单击"轮廓线精加工"按钮,或在菜单栏依次执行"加工"→"精加工"→"轮廓线精加工"命令,弹出"轮廓线精加工"对话框,如图 4-15 所示。本题只列举了和区域式粗加工不同的选项卡,其他选项卡参数参见区域式粗加工。

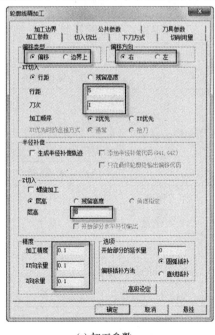
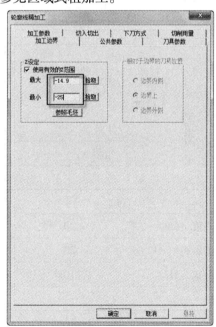

(a) 加工参数　　　　　　　　　　　　(b) 加工边界

图 4-15 轮廓线精加工的加工参数设置

注意：轮廓线精加工和平面轮廓精加工主要应用于平面轮廓零件底平面、垂直侧壁的精加工。通过设置加工参数也可实现粗加工功能，需要注意的是，走刀方式和行距只有在刀次大于1（即多行轨迹）时，设置才起作用。

（2）填写加工参数

在"轮廓线精加工"参数选项卡中按照表4-4填写加工参数，如图4-15所示。

表4-4 轮廓线精加工的加工参数表（粗加工六边形轮廓）

刀具参数		切削用量		
刀具名	D18	速度值	主轴转速	800
刀具号	01		慢速下刀速度	200
刀具补偿号	01		切入切出连接速度	300
刀具半径R	9		切削速度	80
刀角半径r	0		退刀速度	200
刀柄半径b	6	加工边界		
刀尖角度a	120	Z设定	☑使用有效的Z范围	最大 -14.9
刀刃长度l	60			最小 -25
刀柄长度h	5	相对于边界的刀具位置	○边界内侧 ◉边界上 ○边界外侧	
刀具全长L	90	加工参数		
公共参数		偏移类型	◉偏移 ○边界上	
加工坐标系	加工坐标系名称 MCS	偏移方向	○右 ◉左	
起始点	□使用起始点	XY切入	◉行距 行距 5 刀次 1	
	起始高度 Z 100		○残留高度 残留高度 刀次	
切入切出		加工顺序	◉Z优先 ○XY优先	
类型	◉XY向 ○螺旋	半径补偿	□生成半径补偿轨迹	
XY向	◉不设定	Z切入	◉层高 5	
	○圆弧 半径R		○残留高度	
	角度A	□螺旋加工	○角度指定	
	○直线 长度L		□开始部分水平环切输出	
下刀方式		精度	加工精度	0.1
安全高度（H0）	20		XY向余量	0.1
慢速下刀距离（H1）	20		Z向余量	0.1
退刀距离（H2）	10	选项	开始部分的延长量	
—	—		偏移插补方法	◉圆弧插补 ○直线插补

（3）生成加工轨迹，并进行轨迹仿真

① 参数设置结束后，单击"确定"按钮后，依状态栏提示"拾取轮廓"，先在绘图区拾取六边形的轮廓线，再单击绿色箭头拾取全部轮廓线；拾取结束后，右击，系统开始计

算并生成刀具轨迹，如图 4-16 所示；② 在加工管理树中，依次拾取三条轨迹进行实体仿真加工；③ 确认刀具轨迹无误后，为刀具轨迹增加工艺说明"六边形粗加工"。

【步骤 4】 精加工零件

外圆柱凸台、带圆角凸台、六边形外轮廓的精加工过程都采用"轮廓线精加工"的加工命令。

（1）精加工圆柱凸台

① 执行"轮廓线精加工"命令，打开"轮廓线精加工"对话框，按照表 4-5 所示的参数填写加工参数；在"加工边界"选项卡中，选择"使用有效的 Z 范围"复选框、"最大"为"0"，"最小"为"-10"，填写结束后，单击"确定"按钮；② 依状态栏提示"拾取轮廓"，在绘图区拾取 φ30 圆的轮廓线，拾取结束后，右击，系统开始计算并生成刀具轨迹，如图 4-17 所示；③ 在加工管理树中，拾取精加工轨迹进行实体仿真加工。确认刀具轨迹无误后，为刀具轨迹增加工艺说明"圆柱凸台精加工"。

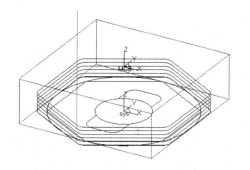

图 4-16　六边形轮廓的加工轨迹图

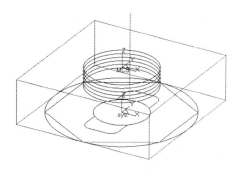

图 4-17　精加工圆柱凸台的精加工轨迹图

表 4-5　轮廓线精加工的加工参数表（精加工轮廓）

刀具参数		切削用量		
刀具名	D14	速度值	主轴转速	500
刀具号	02		慢速下刀速度	200
刀具补偿号	02		切入切出连接速度	300
刀具半径 R	7		切削速度	100
刀角半径 r	0		退刀速度	200
刀柄半径 b	6	加工边界		
刀尖角度 a	120	Z 设定	☑使用有效的 Z 范围	最大
刀刃长度 l	60			最小
刀柄长度 h	5	相对于边界的刀具位置	○边界内侧　◉边界上 ○边界外侧	
刀具全长 L	90	加工参数		
公共参数		偏移类型	◉偏移　○边界上	
加工坐标系	加工坐标系名称　MCS	偏移方向	○右　◉左	

续表

起始点	□使用起始点			XY切入	⊙行距	行距	5	刀次	1
	起始高度	Z	100		○残留高度	残留高度		刀次	
切入切出					加工顺序	⊙Z优先 ○XY优先			
类型	⊙XY向 ○螺旋				半径补偿	□生成半径补偿轨迹			
XY向	⊙不设定			Z切入	□螺旋加工	⊙层高		5	
	○圆弧	半径R				○残留高度			
		角度A				○角度指定			
	○直线	长度L				□开始部分水平环切输出			
下刀方式				精度	加工精度	0.01			
安全高度（H0）	20				XY向余量	0			
慢速下刀距离（H1）	10				Z向余量	0			
退刀距离（H2）	10			选项	开始部分的延长量				
—	—				偏移插补方法	⊙圆弧插补 ○直线插补			

（2）精加工带圆角凸台

① 在加工管理树中，复制、粘贴"轮廓线精加工—圆柱凸台精加工"轨迹，更改工艺说明为"带圆角凸台精加工"；② 删除φ30圆的轮廓线，重新拾取带圆角的凸台的轮廓线为加工轮廓线；③ 修改加工参数，在"加工边界"选项卡中，选择"使用有效的Z范围"复选框，"最大"为"-10"，"最小"为"-15"，修改"偏移方向"为"右"修改结束后，单击"确定"按钮，生成刀具轨迹，如图4-18所示；④ 在加工管理树中依次选择"轮廓线精加工—圆柱凸台精加工"和"轮廓线精加工—带圆角凸台精加工"轨迹进行轨迹仿真。

（3）精加工六边形轮廓

① 在加工管理树中，复制、粘贴"轮廓线精加工—圆柱凸台精加工"轨迹，更改工艺说明为"六边形精加工"；② 删除φ30圆的轮廓线，重新拾取六边形的轮廓线为加工轮廓线；③ 修改加工参数，在"加工边界"选项卡中，选择"使用有效的Z范围"复选框，"最大"为"-15"，"最小"为"-25"，修改"偏移方向"为"右"修改结束后，单击"确定"按钮，生成刀具轨迹，如图4-19所示；④ 在加工管理树中依次选择"轮廓线精加工—圆柱凸台精加工"、"轮廓线精加工—带圆角凸台精加工"和"轮廓线精加工—六边形精加工"轨迹进行轨迹仿真。

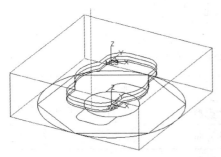
图4-18 精加工带圆角凸台的精加工轨迹

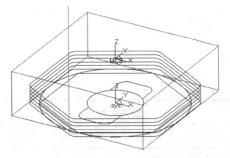
图4-19 六边形外轮廓的精加工轨迹

项目4 平面类零件的数控铣自动编程

【步骤5】 后处理

（1）后置处理

在"加工管理"窗口，双击"机床后置"图标 ，系统弹出"机床后置"对话框，如图4-20所示。

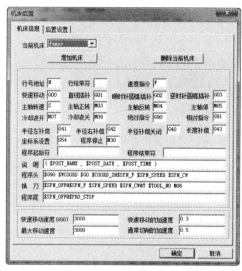
(a) 机床信息

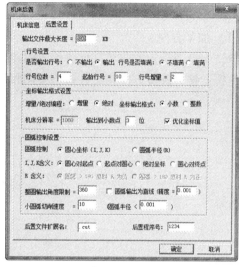
(b) 后置设置

图4-20 "后置处理"对话框

（2）生成G代码

① 在菜单栏依次执行"加工"→"后置处理"→"生成G代码"命令，弹出"生成后置代码"对话框；② 在"要生成的后置代码文件名"处选择文件保存路径和文件名"d：\CAXA\tutai.cut"，选择数控系统"fanuc"，如图4-21所示；③ 单击"确定"按钮，状态栏提示"拾取刀具轨迹"，在加工管理树中依次拾取要生成G代码的刀具轨迹；④ 再右击结束选择，将弹出"tutai.cut"的记事本，生成的G代码，如图4-22所示。可以通过记事本的"另存为"功能将文件保存为".txt"格式的文件。

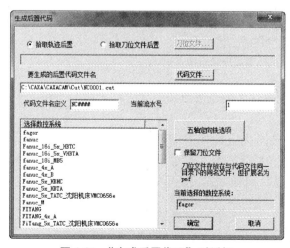

图4-21 "生成后置代码"对话框

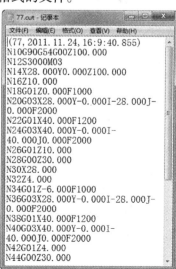

图4-22 G代码文件

相关知识

1. 加工参数

（1）加工方向

顺铣：铣刀旋转方向与工件进给方向相同，图4-23（a）所示。

逆铣：铣刀旋转方向与工件进给方向相反，图4-23（b）所示。

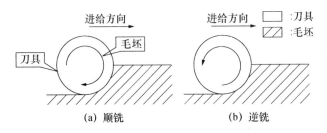

图4-23 顺铣与逆铣

（2）XY 切入

行距：XY 方向的相邻扫描行的距离。行距的确定需要考虑刀具的承受能力、加工后的残余材料量、切削负荷等因素，一般为刀具有效直径的75%～90%。在粗加工时，如机床的功率足够，行距可以设置为刀具有效直径的90%。

残留高度：由球刀铣削时，输入铣削通过时的残余量（残留高度）。当指定残留高度时，会提示 XY 切削量，如图4-24所示。

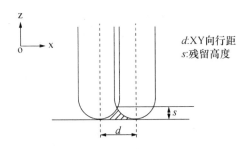

图4-24 残留高度示意图

切削模式：指刀具在 XY 方向上切削零件时的轨迹形式，有"环切加工"和"平行加工"两种方式。

"环切加工"产生由外轮廓和岛屿共同决定的偏置刀轨，如图4-25（a）所示，有"从里向外"和"从外向里"两种方式；"平行加工"产生平行直线刀轨，如图4-25（b）和4-25（c）所示，有"单向"和"往复"两种方式，还可通过角度控制刀具轨迹与 X 轴的夹角。

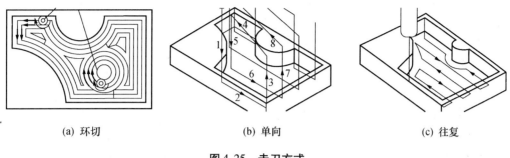

(a) 环切　　　　　　　　　(b) 单向　　　　　　　　　(c) 往复

图 4-25　走刀方式

(3) Z 切入

Z 切入量的设定有以下两种选择。

层高：输入 Z 方向切削量。在使用区域式粗加工方法进行编程时，通过指定"顶层高度"和"底层高度"的 Z 向坐标值来确定总的切削深度。分层切削时，每层切削深度由"每层下降高度"即层高来设定，也就是设置背吃刀量。

残留高度：由球刀铣削时，输入铣削通过时的残余量（残留高度）。指定残留高度时，XY 切入量将动态提示。

(4) 精度

加工精度：输入模型的加工精度。计算模型的轨迹的误差小于此值。加工精度越大，模型形状的误差也增大，模型表面越粗糙。加工精度越小，模型形状的误差也减小，模型表面越光滑，但是，轨迹段的数目增多，轨迹数据量变大。通常，粗加工精度取预留量的 1/10，精加工设置为 0.01。

加工余量：预留给下道工序的切削量，一般粗加工时加工余量设为 0.5～1.5，半精加工时加工余量设为 0.2～0.5，精加工时加工余量设为 0。

(5) 行间连接方式

行间连接方式有以下 3 种选择：

直线：以直线做成行间连接路径。

圆弧：以圆弧做成行间连接路径。

S 形：以 S 形做成行间连接路径。

(6) 添加拐角半径

添加拐角半径：设定在拐角部插补圆角 R。高速切削时减速转向，防止拐角处的过切。

刀具直径百分比：指定插补圆角 R 的圆弧半径相对于刀具直径的比率（%）。例如，刀具直径比为 20（%），刀具直径为 50 的话，插补圆角半径为 10。

半径：指定插补圆角的最大半径。

执行轮廓加工：轨迹生成后，进行轮廓加工。

2. 切入切出

切入切出方式主要有："XY 向"和"螺旋"两种选项。

选择"XY 向"表示刀具 Z 方向垂直切入。"XY 向"的接近方式有 3 种：不设定、圆弧、直线。

选择"螺旋"表示在Z方向以螺旋状切入。

3. 下刀方式

安全高度：刀具快速移动而不会与毛坯或模型发生干涉的高度，有"相对"与"绝对"两种模式，单击"相对"或"绝对"按钮可以实现二者的互换。

慢速下刀距离：在切入或切削开始前的一段刀位轨迹的位置长度，这段轨迹以慢速下刀速度垂直向下进给。有"相对"与"绝对"两种模式，单击"相对"或"绝对"按钮可以实现二者的互换。

退刀距离：在切出或切削结束后的一段刀位轨迹位置长度，这段轨迹以退刀速度垂直向上进给。有"相对"与"绝对"两种模式，单击"相对"或"绝对"按钮可以实现二者互换。

切入方式：此处提供了3种通用的切入方式，几乎适用于所有的铣削加工策略，其中的一些切削加工策略有其特殊的切入切出方式（在"切入切出"选项卡中可以设定）。如果在"切入切出"选项卡中设定了特殊的切入切出方式后，此处的通用的切入方式将不会起作用。

4. 加工边界

加工边界的设定包括设定"Z方向"加工区域值的设定和"相对于边界的刀具位置"的设定。

"Z方向"：指在坯的有效的Z范围。使用有效的Z范围设定是否使用有效的Z范围，"是"指使用指定的最大、最小Z值所限定的毛坯的范围进行计算，"否"指使用定义的毛坯的高度范围进行计算。"相对于边界的刀具位置"设定刀具相对于边界的位置，包括"边界内侧""边界上"和"边界外侧"。

5. 公共参数

公共参数设置包括确定加工坐标系和起始点。

加工坐标系：指加工时所需的坐标系，刀具轨迹的计算均以此坐标系为参照。可以使用当前系统坐标系作为加工坐标系，也可以在屏幕上拾取一个坐标系作为加工坐标系。

起始点：指设定全局刀具起始点的位置。编程时可以决定刀路是否从起始点出发并回到起始点，可通过输入起始点的坐标或在绘图区拾取已知点作为起始点。

6. 刀具参数

【类型】铣刀或钻头。
【刀具名】刀具的名称。
【刀具号】刀具在加工中心里的位置编号，便于加工过程中换刀。
【刀具补偿号】刀具半径补偿值对应的编号。
【刀具半径】刀刃部分最大截面圆的半径大小。
【刀角半径】刀刃部分球形轮廓区域半径的大小，只对铣刀有效。
【刀柄半径】刀柄部分截面圆半径的大小。

【刀尖角度】只对钻头有效,钻尖的圆锥角。
【刀刃长度】刀刃部分的长度。
【刀柄长度】刀柄部分的长度。
【刀具全长】刀杆与刀柄长度的总和。

7. 切削用量

切削用量的设定包括轨迹各位置的相关进给速度及主轴转速等,其中主轴转速单位 r/min(转/分),此处的慢速下刀速度、切入切出连接速度、切削速度和退刀速度指的是各轨迹段的进给速度,单位为 mm/min。

(1) 切削速度 V_c 的确定

切削速度可根据已经选定的背吃刀量、进给量及刀具寿命进行选取。实际加工过程中,也可根据生成实践经验和查表的方法来选取,可按表 4-6 所示的切削速度参考值来选择。

表 4-6 切削速度参考值

刀具材料	切削速度 V_c(m/min)	每齿进给量 f_z
高速钢刀	20~30	0.05~0.2
硬质合金刀	50~80	0.1~0.3
硬质合金涂层刀	100~130	0.1~0.3

(2) 主轴转速 s 的确定

切削速度 V_c 确定后,可根据刀具直径 D(mm),按以下公式确定主轴转速 s(r/min):

$$s = V_c \times 1\,000/D \times \pi$$

(3) 进给速度 F(进给量)的确定

进给速度主要根据零件的加工精度和表面粗糙度要求,以及刀具、工件的材料性质选取。按以下公式计算:

$$F = f_z \times n \times s \ (\text{mm/min})$$

式中,n——切削刃数量;f_z——每齿进给量,mm/z;s——主轴转速,r/min。

在使用 CAM 软件编程时,这些速度可以设置的稍大些,加工时根据切削情况,通过机床主轴倍率旋钮和进给速度旋钮进行调整。

8. 轮廓与岛

使用平面区域粗加工或区域式粗加工方法进行编程时,要指定轮廓和岛,轮廓和岛共同指定了待加工的区域。轮廓必需指定,而岛不是必需的。轮廓用来界定加工区域的外部边界,岛用来屏蔽其内部不需要加工或需要保护的部分(见图4-26)。若不指定岛,则轮廓围成的内部空间全部为待加工的区域。本任务粗加工型腔区域时,就不需要指定岛。需要注意的是轮廓和岛都是由曲线组成的,必须是闭合的。

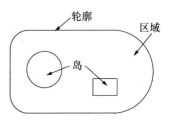

图 4-26 轮廓与岛的关系

9. 轨迹仿真

在生成刀具轨迹后,通常要进行轨迹仿真,以检查轨迹的正确性。

轨迹仿真有线框仿真和实体仿真两种形式。线框仿真是一种快速的仿真方式,仿真时只显示刀具和刀具轨迹,而实体仿真能动态地显示零件的加工过程。

在实体仿真环境,有3种轨迹仿真模式:单步仿真 、等高线仿真 和仿真加工 。"单步仿真"是以单步或多步的形式模拟刀具运动的轨迹;"等高线仿真"只对指定高度的截面加工轨迹进行仿真,特别适合对轨迹密集的粗加工轨迹进行仿真,可以方便地观察分层加工轨迹的情况,检查轨迹的正确性;"仿真加工"可以模拟刀具切削工件的过程和加工结果。

4.1.4 归纳总结

在本学习任务中,学习了区域式粗加工、轮廓线精加工的编程方法,并利用这两个命令完成了凸台类零件的编程,并进行了后置设置和仿真。需注意的是,区域式粗加工和轮廓线精加工方法通常应用于平面类轮廓零件的加工。

4.1.5 巩固提高

编写如图4-27所示的零件的加工程序。该零件的毛坯 $\phi 80 \times 35$ mm 的棒料,材料为45钢,底面已经加工,要求数控加工顶面、凸台侧壁与台阶面。

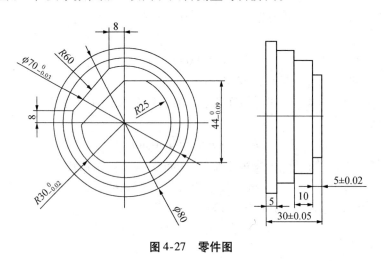

图 4-27 零件图

任务2 凹盘零件的数控铣削自动编程

【任务要求】 图 4-28 所示为一个凹盘零件的零件图,毛坯为 100 mm × 100 mm × 15 mm 板料,工件下表面已经加工,材料为45钢。编制该零件的数控铣加工程序。

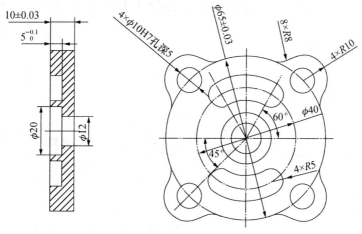

图 4-28 凹盘零件图

4.2.1 知识准备

槽、内腔和凸台是平面类数控铣削加工的典型结构，也是进一步掌握其他各种复杂表面的基础。本任务主要介绍包含槽与内腔的零件的编程方法。

本任务所用的平面类零件加工的命令

（1）平面区域粗加工

平面区域粗加工的加工参数，生成平面区域粗加工轨迹，该加工方法属于两轴加工，适合2/2.5轴加工，与区域式粗加工类似，所不同的是该功能支持轮廓和岛屿的清根设置，可以单独设置各自的余量、补偿及上下刀信息；该功能轨迹生成速度较快。

（2）平面轮廓精加工

平面轮廓精加工用于生成平面轮廓精加工轨迹，平面轮廓加工是生成沿轮廓线切削的两轴刀具轨迹，主要用于加工外形和铣槽，属于"两轴加工"，"两轴半加工"方式。

（3）孔加工

使用"孔加工"方法可对孔进行钻孔、扩孔、铰孔、锪孔、镗孔等

4.2.2 工艺准备

1. 加工准备

选用机床：TK7650型FANUC系统数控铣床。
选用夹具："三爪——面两销定位"组合夹紧定位。
使用毛坯：100 mm × 100 mm × 15 mm 板料，材料为45钢。

2. 工艺分析

该零件加工内容包括铣削腰型槽、外轮廓和孔加工。外轮廓、腰型槽及槽深方向均有

较高的尺寸精度要求和形位公差要求，工件表面粗糙度要求 Ra 为 3.2，故应分为粗、精加工铣削。

3. 加工工艺卡

本任务的加工工艺卡如表 4-7 所示。

表 4-7 加工工艺卡

×××厂		数控加工工序卡片		产品代号	零件名称	零件图号
				×××	凹盘零件	×××
工艺序号	程序编号	夹具名称		夹具编号	使用设备	车间
×××	×××	平口钳		×××	×××	×××
工步号	工步内容	刀具号	刀具规格	主轴转速（r/min）	进给速度（mm/min）	背吃刀量（mm）
1	手动钻中心孔定位	T01	φ3 中心钻	1 100	100	
2	钻孔	T02	φ12 钻头	600	80	
3	钻孔	T03	φ20 钻头	300	50	
4	钻孔	T04	φ9.8 钻头	600	80	
5	铰孔	T05	φ10 铰刀	200	60	
6	粗铣轮廓	T06	φ10 立铣刀	500	100	
7	粗铣槽	T07	φ6 立铣刀	500	100	
8	精铣轮廓	T06	φ10 立铣刀	800	50	
9	精铣槽	T07	φ6 立铣刀	800	50	
编制		审核		批准	共 页	第 页

4.2.3 编制加工程序

1. 确定加工命令

根据本任务零件的特点，选用平面区域粗加工、平面轮廓精加工和孔加工的方法进行加工。

2. 建立加工模型

图 4-29 建立零件模型

（1）建立加工零件模型

利用"拉伸造型设计"的相关命令绘制图 4-28 的实体模型。绘制结果如图 4-29 所示。

（2）建立加工坐标系

在零件的上表面的中心建立加工坐标系（MCS）。在"坐标系"工具栏上，单击"创建坐标系"按钮 ；在立即菜单中选择"单点"；

按回车键，在弹出的对话框中输入坐标值"0，0，15"；按回车键，输入新坐标系名称"MCS"。

3. 建立毛坯

利用"参照模型"方式建立毛坯的步骤：

（1）启动"定义毛坯"对话框。在"加工管理"窗口，双击"毛坯"图标 毛坯，系统弹出"定义毛坯"对话框；

（2）使用"参照模型"方式建立毛坯。选择"毛坯定义"方式为"参照模型"；单击"参照模型"按钮，将在"基准点"和"大小"文本框中显示毛坯的位置和尺寸数值；再单击"确定"按钮，完成毛坯的建立，如图4-30（a）所示。建立毛坯用蓝色线框显示，结果如图4-30（b）所示。

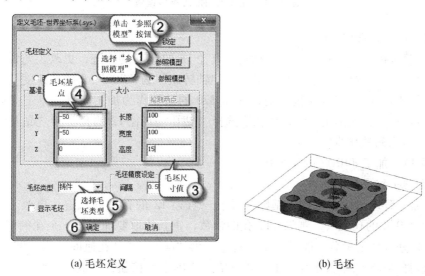

(a) 毛坯定义　　　　　　　　(b) 毛坯

图4-30　毛坯的建立过程

4. 加工步骤

【步骤1】　钻 $\phi 12$ 的孔

（1）选择孔加工方法，填写加工参数

在"加工"工具栏上，单击"孔加工"按钮，或在菜单栏依次执行"加工"→"其他加工"→"孔加工"命令，弹出"孔加工"对话框，填写加工参数，如图4-31所示，再切换至"刀具参数"选项卡，填写刀具参数。

（2）生成刀具轨迹，进行轨迹仿真

在"孔加工"对话框中，单击"确定"按钮，状态栏提示"拾取点"，按空格键，弹出"点"工具菜单，选择"圆心"选项，在绘图区单击 $\phi 12$ 孔的棱边，指定圆心为钻孔点，右击结束选择，将生成刀具轨迹，如图4-32所示。之后，进入实体仿真环境，进行"单步仿真"；最后，增加工艺说明"钻孔—直径12的孔"。

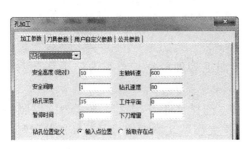 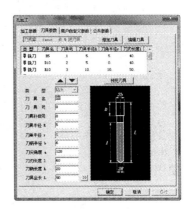

(a) 加工参数　　　　　　　　　　　(b) 刀具参数

图 4-31　孔加工的加工参数设置

【步骤 2】　钻 $\phi 20$ 的孔

在加工管理树中，复制、粘贴"钻孔—直径 12 的孔"的轨迹，更改工艺说明为"钻孔—直径 20 的孔"；修改加工参数，选择"主轴转速"为"300"、"钻孔速度"为"50"、"钻孔深度"为"5"，其他参数不变，选择 $\phi 20$ 的钻头作为加工刀具，单击"确定"按钮，生成刀具轨迹；在加工管理树中依次选择"钻孔—直径 12 的孔"和"钻孔—直径 20 的孔"轨迹进行轨迹仿真。

【步骤 3】　加工 $\phi 10H7$ 的 4 个孔

(1) 钻 $\phi 9.8$ 的 4 个孔

① 在加工管理树中，复制、粘贴"钻孔—直径 12 的孔"的轨迹，更改工艺说明为"钻孔—直径 9.8 的孔"；② 删除 $\phi 12$ 孔的参数，重新拾取要加工的 4 个孔的圆心点为加工位置；③ 修改加工参数，选择"主轴转速"为"600"、"钻孔速度"为"80"，其他参数不变，选择 $\phi 9.8$ 的钻头作为加工刀具，单击"确定"按钮，生成刀具轨迹，如图 4-33 所示；④ 在加工管理树中依次选择"钻孔—直径 12 的孔"、"钻孔—直径 20 的孔"、"钻孔—直径 9.8 的孔"轨迹进行轨迹仿真。

图 4-32　孔加工轨迹　　　　　　　　图 4-33　孔加工轨迹

(2) 铰孔 $\phi 10H7$

在加工管理树中，复制、粘贴"钻孔—直径 9.8 的孔"的轨迹，更改工艺说明为"铰孔—直径 10 的孔"。修改加工参数，选择"主轴转速"为"200"、"钻孔速度"为"60"，其他参数不变，选择 $\phi 10$ 的铰刀作为加工刀具，单击"确定"按钮，生成刀具轨迹，如图 4-33 所示。在加工管理窗口选择"钻孔—直径 12 的孔"、"钻孔—直径 20 的孔"、"钻孔—直径 9.8 的孔"和"钻孔—直径 10 的孔"轨迹进行轨迹仿真。

【步骤4】 粗铣轮廓

（1）绘制轮廓线，按照毛坯的大小绘制 100 mm × 100 mm，中心在原点的矩形作为加工轮廓线。在"曲线生成"工具栏上，单击"相关线"按钮，在立即菜单中选择"实体边界"选项，在绘图区拾取零件加工区域的棱边，创建轮廓线，如图4-34所示，其内部就是要加工的范围。

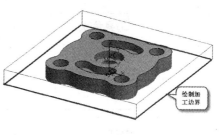

图4-34 创建轮廓线

（2）在"加工"工具栏上，单击"平面区域粗加工"按钮，或在菜单栏依次执行"加工"→"粗加工"→"平面区域粗加工"命令，弹出"平面区域粗加工"对话框，按照表4-8的平面区域粗加工参数表填写加工参数。

表4-8 平面区域粗加工参数表

刀具参数		切削用量		
刀具名	D10	速度值	主轴转速	500
刀具号	06		慢速下刀速度	100
刀具补偿号	06		切入切出连接速度	300
刀具半径 R	5		切削速度	80
刀角半径 r	0		退刀速度	200
刀柄半径 b	6	接近返回		
刀尖角度 a	120	接近方式	⊙不设定 ○直线 ○圆弧 ○强制	
刀刃长度 l	60			
刀柄长度 h	5	返回方式	⊙不设定 ○直线 ○圆弧 ○强制	
刀具全长 L	90	加工参数		
清根参数		走刀方式	⊙环切加工 ○从里向外 ○从外向里	
轮廓清根	⊙行距 ○不清根		○平行加工 ⊙单向 ○往复	
岛清根	⊙行距 ○不清根	拐角过渡方式	⊙尖角 ○圆弧	
清根进刀方式	⊙垂直 ○直线 ○圆弧	拔模基准	⊙底层基准 ○顶层为基准	
清根退刀方式	⊙垂直 ○直线 ○圆弧	区域内抬刀	⊙是 ○否	
下刀方式			顶层高度	0
切入方式	⊙垂直		底层高度	-10
	○螺旋	半径 近似节距	加工参数	每层下降高度	1
	○倾斜	长度 近似节距		行距	5
		角度		加工精度	0.1
	○渐切	长度	轮廓参数	余量	0.1
安全高度（H0）	20		斜度	0
慢速下刀距离（H1）	10		补偿	⊙ON ○TO ○PAST

续表

刀具参数		切削用量		
退刀距离（H2）	10	岛参数	余量	0.1
—	—		斜度	0
			补偿	⊙ON　○TO　○PAST

（3）参数设置结束后，单击"确定"按钮，依状态栏提示拾取新绘制的轮廓线，拾取结束后，再按照状态栏提示拾取零件的外轮廓作为岛屿；拾取结束后右击，系统开始计算并生成刀具轨迹，如图 4-35 所示，修改工艺说明为"平面区域粗加工—外轮廓粗加工"。

【**步骤** 5】 粗铣槽

① 在加工管理树中，复制、粘贴"平面区域粗加工—外轮廓粗加工"轨迹，更改工艺说明为"槽粗加工"；② 清除轮廓线和岛屿，重新拾取一个槽的轮廓线为加工轮廓线；③ 在加工参数选项，选择"加工参数"选项卡中的"底层高度"为"-5"，修改刀具参数为 $\phi 6$ 的立铣刀，修改结束后，单击"确定"按钮，生成刀具轨迹。按照上述方法生成另一个槽的粗加工轨迹，如图 4-36 所示；④ 在"加工管理"窗口依次选择"平面区域粗加工—外轮廓粗加工"、"平面区域粗加工—槽粗加工"轨迹进行轨迹仿真。

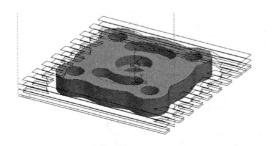
图 4-35　外轮廓粗加工轨迹图

图 4-36　外轮廓粗加工轨迹

【**步骤** 6】 精铣外轮廓

（1）选用平面轮廓线精加工命令

在"加工"工具栏上，单击"平面轮廓精加工"按钮，或在菜单栏依次执行"加工"→"精加工"→"平面轮廓精加工"命令，弹出"平面轮廓精加工"对话框，按照表 4-9 的平面轮廓精加工参数表填写加工参数。

表 4-9　平面轮廓精加工参数表

刀具参数		切削用量		
刀具名	D10	速度值	主轴转速	800
刀具号	06		慢速下刀速度	100
刀具补偿号	06		切入切出连接速度	300
刀具半径 R	5		切削速度	50
刀角半径 r	0		退刀速度	200

续表

刀具参数				切削用量				
刀柄半径 b		6		接近返回				
刀尖角度 a		120		接近方式	⊙不设定	○直线	○圆弧	○强制
刀刃长度 l		60						
刀柄长度 h		5		返回方式	⊙不设定	○直线	○圆弧	○强制
刀具全长 L		90		加工参数				
公共参数				拐角过渡方式	○尖角	⊙圆弧		
坐标系名称		MCS		走刀方式	⊙单向	○往复		
原作标点		X0 Y0 Z15		轮廓补偿	○ON	⊙TO	○PAST	
Z 轴矢量		X0 Y0 Z1		拔模基准	⊙底层基准	○顶层为基准		
起始高度		Z 100		层间走刀	⊙单向	○往复		
下刀方式				行定义方式	行距方式	行距	5	
切入方式	⊙垂直					加工余量	0	
	○螺旋	半径		近似节距		余量方式		
	○倾斜	长度		近似节距	刀具补偿	□生成刀具补偿轨迹		
		角度						
	○渐切	长度			抬刀	⊙是	○否	
安全高度（H0）			20	—				
慢速下刀距离（H1）			10	—				
退刀距离（H2）			10	—				

（2）生成外轮廓精加工轨迹

参数设置结束后，单击"确定"按钮，依状态栏提示拾取零件的外轮廓线，拾取结束后，选择箭头的方向来确定轨迹生成的方向，选择方向之后，系统开始计算并生成刀具轨迹，如图 4-37 所示，修改轨迹名称为"平面轮廓线精加工—外轮廓精加工"。

【步骤 7】 精铣槽

① 在加工管理树中，复制、粘贴"平面轮廓线精加工—外轮廓精加工"轨迹，更改工艺说明为"平面轮廓线精加工—槽精加工"；② 删除零件的外轮廓线，重新拾取一个槽的轮廓线为加工轮廓线；③ 在加工参数选项，选择"加工参数"选项卡的"底层高度"为"-5"，修改刀具参数为 $\phi 6$ 的立铣刀，修改结束后，单击"确定"按钮，生成一个槽的加工轨迹，按照上述的同样方法生成第二个槽的加工轨迹，如图 4-38 所示；④ 在"加工管理"窗口依次选择"平面轮廓线精加工—外轮廓精加工"、"平面轮廓线精加工—槽精加工"轨迹进行轨迹仿真。

【步骤 8】 生成 G 代码

① 在菜单栏依次执行"加工"→"后置处理"→"生成 G 代码"命令，弹出"选择后置文件"对话框；② 在"保存在"处选择文件保存路径，在"文件名"处填写文件名"pmjg4-2"；③ 单击"保存"按钮，状态栏提示"拾取刀具轨迹"，在"加工管理"窗口依次拾取要生成 G 代码的刀具轨迹；④ 再右击结束选择，将弹出"pmjg4-2.cut"的记事

本，文件显示生成的 G 代码。

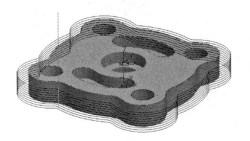

图 4-37 外轮廓精加工轨迹

图 4-38 槽精加工轨迹

相关知识

1. 孔加工

（1）孔加工方式

使用"孔加工"方法可对孔进行钻孔、扩孔、铰孔、锪孔、镗孔等。系统提供 12 种钻孔模式，如表 4-10 所示。

表 4-10 孔加工方式

序　号	孔加工方式	数控系统指令
1	高速啄式孔钻	G73
2	左攻丝	G74
3	精镗孔	G76
4	钻孔	G81
5	钻孔 + 反镗孔	G82
6	啄式钻孔	G83
7	逆攻丝	G84
8	镗孔	G85
9	镗孔（主轴停）	G86
10	反镗孔	G87
11	镗孔（暂停 + 手动）	G88
12	镗孔（暂停）	G89

（2）孔加工参数

孔加工参数如表 4-11 所示。

表 4-11 孔加工参数

参　数	描　述
安全高度	刀具在此高度以上任何位置，均不会碰伤工件和夹具
主轴转速	机床主轴的转速
安全间隙	钻孔前距离工件表面的安全高度
钻孔速度	钻孔刀具的进给速度
钻孔深度	孔的加工深度
工件表面	工件表面高度，也就是钻孔切削开始点的高度
暂停时间	攻丝时刀在工件底部的停留时间
下刀增量	孔钻时每次钻孔深度的增量值

2. 平面区域粗加工

（1）下刀方式

刀具移动示意如图 4-39 所示，其中"安全高度"是指刀具快速移动而不会与毛坯或模型发生干涉的高度；"慢速下刀距离"是指在切入或切削开始前的一段刀位轨迹的位置长度，这段轨迹以慢速下刀速度垂直向下进给；"退刀距离"是指在切出或切削结束后的一段刀位轨迹的位置长度，这段轨迹以退刀速度垂直向上进给。

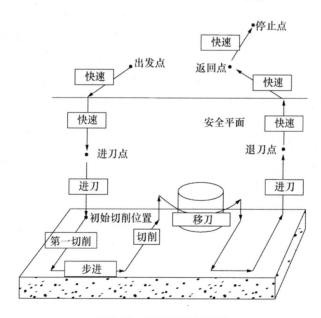

图 4-39　刀具移动示意图

下刀方式是指刀具切入毛坯或在两个切削层之间刀具从上一轨迹层切入下一轨迹层的走刀方式。通常，下刀方式与切削区域的形式、刀具的种类等因素有关，有以下几种切入方式，如表 4-12 所示。

表 4-12 切入方式

下刀方式	描　述
垂直	刀具从上一层沿 Z 轴垂直方向直接切入下一层，如图 4-40（a）
螺旋	刀具从上一层沿螺旋线以渐进的方式切入下一层，如图 4-40（b）。半径：螺旋线的半径。近似节距：刀具每折返一次，刀具下降的高度
倾斜	即 Z 字形下刀，刀具从上一层沿斜向折线（即走 Z 字形）以渐进的方式切入下一层，如图 4-40（b）。长度：折线在 XY 面投影线的长度。近似节距：刀具每折返一次，刀具下降的高度。角度：折线与进刀段的夹角
渐切	刀具从上一层沿斜线以渐进的方式切入下一层，如图 4-40（c）所示。长度：折线在 XY 面投影线的长度

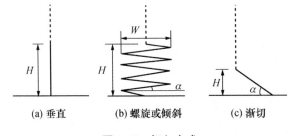

图 4-40　切入方式

（2）加工参数

【顶层高度】零件加工时起始高度的高度值，一般来说，也就是零件的最高点，即 Z 最大值。

【底层高度】零件加工时，所要加工到的深度的 Z 坐标值，也就是 Z 最小值。

【每层下降高度】刀具轨迹层与层之间的高度差，即层高。每层的高度从输入的顶层高度开始计算。

【行距】是指加工轨迹相邻两行刀具轨迹之间的距离。

（3）轮廓参数

【余量】给轮廓加工预留的切削量。

【斜度】以多大的拔模斜度来加工。

【补偿】有 3 种方式。ON：刀心线与轮廓重合。TO：刀心线未到轮廓一个刀具半径。PAST：刀心线超过轮廓一个刀具半径。

（4）岛参数

【余量】给轮廓加工预留的切削量。

【斜度】以多大的拔模斜度来加工。

【补偿】有 3 种方式。ON：刀心线与岛屿线重合；TO：刀心线未到岛屿线一个刀具半径；PAST：刀心线超过岛屿线一个刀具半径。

4.2.4　归纳总结

在本任务中，主要说明了采用平面区域粗加工、平面轮廓精加工方法来加工平面类零件的应用方式，同时，还说明了孔加工编程方法和对轨迹仿真和后处理的应用方法。需注意的是，平面区域粗加工和平面轮廓精加工方法与区域式粗加工和轮廓线精加工方法应用范围。通常应使用前两种加工方法时，需要指定轮廓和岛的边界，以界定加工区域。

4.2.5　巩固提高

完成图 4-41 所示零件的数控加工程序图，毛坯为 74 mm × 74 mm × 35 mm 板料，工件下表面已经加工，材料为 45 钢。

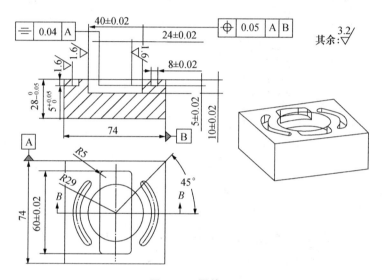

图 4-41　零件图

项目小结

本项目主要是对平面类零件进行数控程序的编制，通过对数控加工工艺的分析确定加工工序后，能够对内外轮廓的进行自动编程。通过本项目的学习，能够对数控铣中级工、高级工所要求的平面类零件或零件的平面部分进行数控加工工艺分析和利用计算机辅助软件编制数控加工程序。

项目训练

通过上述零件的编程方法，编制完成图 4-42～图 4-45 零件的数控程序。

1. 完成图 4-42 所示零件数控加工程序图，毛坯为 160 mm × 120 mm × 30 mm 板料，工件下表面已经加工，材料为铝合金。

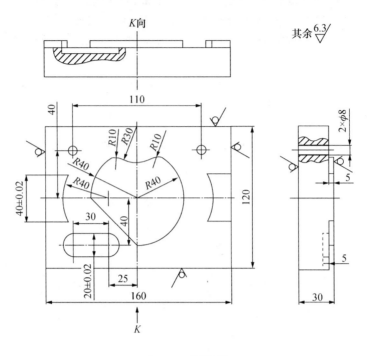

图 4-42　零件图

2. 完成图 4-43 所示零件的数控加工程序图，毛坯为 100 mm × 100 mm × 40 mm 板料，工件下表面已经加工，材料为铝合金。

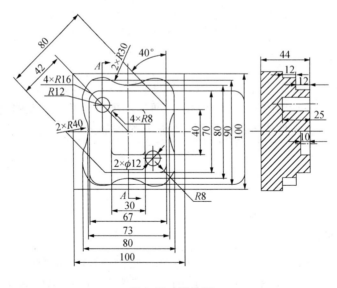

图 4-43　零件图

3. 完成图 4-44 所示零件的数控加工程序图，毛坯为 120 mm × 65 mm × 30 mm 板料，工件下表面已经加工，材料为铝合金。

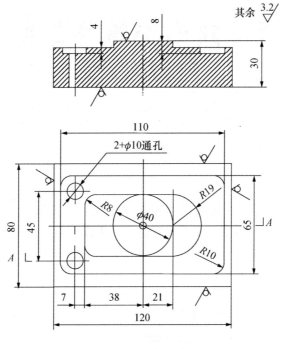

图 4-44 零件图

4. 完成图 4-45 所示零件的数控加工程序，毛坯为 120 mm × 80 mm × 30 mm 板料，工件下表面已经加工，材料为铝合金。

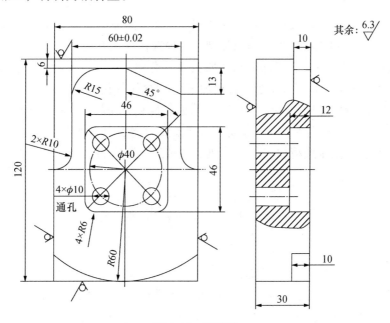

图 4-45 零件图

项目 5　曲面类零件的数控铣自动编程

知识目标

通过本项目的学习，能够根据曲面类零件特点选择合适的加工命令，并掌握自动编程中粗加工和精加工命令中各种加工参数设置，能够生成正确的加工代码。

技能目标

1. 学会中等难度曲面类零件的工艺分析，合理地安排加工步骤和选择切削用量。
2. 学会选择适合曲面类零件的加工方法。
3. 能够生成曲面类零件的加工程序代码，并进行加工仿真。

项目描述

曲面类零件是指被加工面中存在曲面的零件，加工曲面的命令非常丰富，在编写曲面的数控加工程序时，可以根据加工曲面类型，合理选择加工方法。在 CAXA 制造工程师软件中，常用的曲面加工方法有粗加工和精加工两种类型。其中有 5 种粗加工方式："等高线粗加工"、"扫描线粗加工"、"摆线式粗加工"、"插铣式粗加工"、"导动线粗加工" 和 10 多种精加工方式："轮廓导动精加工"、"曲面轮廓精加工"、"曲面区域精加工"、"参数线精加工"、"投影线精加工"、"导动线精加工"、"等高线精加工"、"扫描线精加工"、"浅平面精加工"、"限制线精加工"、"三维偏置精加工"、"深腔侧壁精加工"。

任务 1　等高线加工

【任务要求】　利用"等高线粗加工"、"等高线精加工"、"平面区域粗加工"、"平面轮廓精加工"以及"孔加工"的方法，对图 3-34 零件图的上表面进行加工，底面形状和毛坯外轮廓已经加工到要求的尺寸。

5.1.1　知识准备

在数控加工中，等高线刀具轨迹视觉上直观、切削平稳，若采用小的切削量，加工后的零件的表面质量很高,因此,等高线加工是高速加工常常采用的加工方式。

1. 等高线粗加工

(1) 功能

沿曲面的等高线生成粗加工刀具轨迹,对于凹凸混合的复杂模型可一次性生成粗加工路径,属于两轴半加工。该加工方式是较通用的粗加工方式,适用范围广,可以高效地去除毛坯的大部分余量,并可根据精加工要求留出余量,为精加工打下一个良好的基础。此外,该功能可指定加工区域,优化空切轨迹。

(2) 操作

① 单击"等高线粗加工"按钮 ,或执行"加工"→"粗加工"→"等高线粗加工"命令,系统弹出"等高线粗加工"对话框;② 填写加工参数表,完成后单击"确定"按钮;③ 根据毛坯类型,定义毛坯;④ 完成所有选择后,右击,系统生成加工轨迹。

2. 等高线精加工

(1) 功能

针对曲面和实体,按等高距离下降,层层地加工,并可对加工不到的部分(较平坦的部分)做补加工,属于两轴半加工方式。本功能可对零件做精加工和半精加工,目前只能做整体加工,不能做局部加工。

(2) 操作

① 单击"等高线精加工"按钮 ,或执行"加工"→"精加工"→"等高线精加工"命令,系统弹出"等高线精加工"对话框;② 填写加工参数表,完成后单击"确定"按钮;③ 按状态栏提示,拾取加工曲面,如零件为曲面造型,可单个拾取,也可使用左键框选;如零件为实体造型,单击拾取实体,即可完成所有表面的拾取,拾取完成后右击确定;④ 完成全部选择后,系统开始计算并显示所生成的刀具轨迹。

5.1.2 工艺准备

1. 加工准备

选用机床:TK7650 型 FANUC 系统数控铣床。
选用夹具:平口虎钳夹紧定位。
使用毛坯:80 mm × 80 mm × 20 mm 板料,材料为 45 钢。

2. 工艺分析

该零件加工内容包括铣削球面内槽、圆柱外轮廓和孔加工。圆柱外轮廓、图形上表面,以及圆柱外轮廓和平面均有较高的尺寸精度要求和形位公差要求,工件表面粗糙度要求 Ra 大部分为 3.2,故应分为粗、精加工铣削。

3. 加工工艺卡

本任务的加工工艺卡如表 5-1 所示。

表 5-1　加工工艺卡

×××厂	数控加工工序卡片		产品代号	零件名称	零件图号
			×××	曲面零件	×××
工艺序号	程序编号	夹具名称	夹具编号	使用设备	车间
×××	×××	平口钳	×××	TK7650	×××
工步号	工步内容（加工面）	刀具号	刀具规格	主轴转速（r/min）	进给速度（mm/min）	背吃刀量（mm）
1	手动铣毛坯顶面，保证尺寸 15	T01	φ18 平底刀	800	80	
2	钻孔	T04	φ8 钻头	600	80	
3	φ14.8	T05	φ14.8 钻头	600	80	
4	铰孔 φ15	T06	φ15 铰刀	800	80	
5	等高线粗加工轮廓	T03	φ8 平底刀	800	80	
6	精铣球面内轮廓	T02	φ8 球刀	500	100	
7	精铣外圆柱侧面	T03	φ8 平底刀	500	100	
8	精铣圆柱外侧平面	T01	φ18 平底刀	500	100	
9	精铣 φ15 的孔	T03	φ8 平底刀	500	100	
编制		审核	批准	共 页	第 页	

5.1.3　编制加工程序

1. 确定加工命令

根据本任务零件的特点，选用"平面区域粗加工"、"平面轮廓精加工"和"孔加工"、"等高线粗加工"和"等高线精加工"的方法进行加工。

2. 建立加工模型

（1）建立加工零件模型
执行"文件"→"打开"命令，导入图 3-34 所示零件的实体模型。

（2）建立加工坐标系

在零件的上表面的中心建立加工坐标系（MCS）。在"坐标系"工具栏上，单击"创建坐标系"按钮；在立即菜单中选择"单点"；按回车键，在弹出的对话框中输入坐标值；按回车键，输入新坐标系名称"MCS"，如图 5-1 所示。

图 5-1　建立加工坐标系

3. 建立毛坯,拾取加工边界

① 选择"毛坯定义"方式为"参照模型";单击"参照模型"按钮,将在"基准点"和"大小"文本框中显示毛坯的位置和尺寸数值;再单击"确定"按钮,完成毛坯的建立;② 单击"相关线"按钮,选择"实体边界"方式,拾取底座 80 mm×80 mm 的实体边界作为加工边界,拾取 $\phi60$ 和 $\phi15$ 的圆的边界。

4. 加工步骤

【步骤1】 钻 $\phi8$ 的 5 个孔

在"加工"工具栏上,单击"孔加工"按钮 ,或在菜单栏依次执行"加工"→"其他加工"→"孔加工"命令,弹出"孔加工"对话框,按照表 5-1 填写加工参数和刀具参数。填写完成后,单击"确定"按钮,生成刀具轨迹,如图 5-2 所示。填写工艺说明"钻孔—直径 8 的孔"。

【步骤2】 加工 $\phi15_0^{+0.07}$ 的孔

(1) 钻 $\phi14.8$ 的孔

① 在加工管理树中,复制、粘贴"钻孔—直径 8 的孔"的轨迹,更改工艺说明为"钻孔—直径 14.8 的孔";② 删除 $\phi8$ 孔的参数,重新拾取要加工的圆心点;③ 修改加工参数,选择"主轴转速"为"600"、"钻孔速度"为"80",其他参数不变,选择 $\phi14.8$ 的钻头作为加工刀具,单击"确定"按钮,生成刀具轨迹。

(2) 铰孔 $\phi15_0^{+0.07}$

在加工管理树中,复制、粘贴"钻孔—直径 14.8 的孔"的轨迹,更改工艺说明为"铰孔—直径 15 的孔"。修改加工参数,选择"主轴转速"为"200"、"钻孔速度"为"60",其他参数不变,选择 $\phi15$ 的铰刀作为加工刀具,单击"确定"按钮,生成刀具轨迹。

【步骤3】 粗铣轮廓

采用等高线粗加工的加工方法进行加工,加工步骤如下:① 单击"等高线粗加工"按钮 ,弹出"等高线粗加工"对话框;② 按照表 5-2 填写加工参数表,完成后单击"确定"按钮;③ 单击"确定"按钮,拾取实体模型作为加工对象,右击确认,再右击,默认毛坯边界为加工边界。系统生成加工轨迹,如图 5-3 所示。对生成的粗加工轨迹进行轨迹仿真,更改工艺说明为"等高线粗加工—粗铣轮廓"。

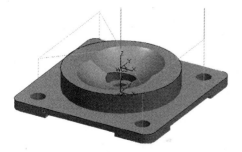

图 5-2 孔加工轨迹

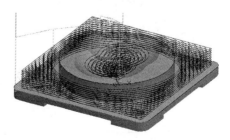

图 5-3 粗加工轮廓

注意:

① 在等高线粗加工时,若选用环切方式,在粗加工凸模时,一般选择"从里向外"的方式,在加工凹模时,应该选用"从外向里"的方式。

② 粗加工最好采用端刀或 R 刀，若用球刀，第一刀的吃刀量很大，不利于切削。
③ 粗加工最好采用往复切削。往复切削效果好，且空刀时候少，往复切削的行距可以达到刀具直径的 70%，但环切则达不到。

表 5-2 等高线粗加工参数表

刀具参数			切削用量		
刀具名	D8			主轴转速	800
刀具号	02			慢速下刀速度	100
刀具补偿号	02		速度值	切入切出连接速度	300
刀具半径 R	4			切削速度	80
刀角半径 r	0			退刀速度	200
刀柄半径 b	6		加工边界		
刀尖角度 a	120		Z 设定	☑使用有效的 Z 范围	最大 0
刀刃长度 l	60				最小 -10
刀柄长度 h	5		相对于边界的刀具位置	○边界内侧 ○边界上 ○边界外侧	
刀具全长 L	90		加工参数		
公共参数			加工方向	⊙顺铣 ○逆铣	
加工坐标系	加工坐标系名称	MCS	XY 切入	⊙行距 ○残留高度	行距 1
起始点	□使用起始点			切削模式	⊙环切 ○单项 ○往复
	起始高度 Z	100	Z 切入	⊙层高 ○残留高度	层高 1
切入切出			参数	加工精度	0.1
方式	⊙不设定 ○沿着形状 ○螺旋			加工余量	0.1
加工参数 2			行间连接方式	⊙直线 ○圆弧 ○S 形	
稀疏化加工	□稀疏化	间隔层数	拐角半径	□添加拐角半径	○刀具直径百分比
区域切削类型	⊙抬刀切削混合 ○抬刀 ○仅切削				
	□执行平坦部识别				○半径
下刀方式			选项	删除面积系数	0.1
安全高度（H0）	20			删除长度系数	0.1
慢速下刀距离（H1）	10				
退刀距离（H2）	10		镶片刀具的使用	□使用镶片刀具	

【步骤 4】 精铣轮廓

采用等高线精加工的加工方法进行加工，加工步骤如下：① 单击"等高线精加工"按钮

♣，系统弹出"等高线精加工"对话框，② 按照表 5-3 所示填写加工参数表，完成后单击"确定"按钮；③ 按状态栏提示，拾取加工曲面，完成全部选择后，系统开始计算并显示所生成的刀具轨迹，如图 5-4 所示。对生成的粗加工轨迹进行轨迹仿真，更改工艺说明为"等高线精加工—精铣轮廓"。

表 5-3 等高线精加工参数表

刀具参数			切削用量		
刀具名		D10		主轴转速	500
刀具号		02		慢速下刀速度	100
刀具补偿号		02	速度值	切入切出连接速度	300
刀具半径 R		5		切削速度	100
刀角半径 r		5		退刀速度	200
刀柄半径 b		6	加工边界		
刀尖角度 a		120	Z 设定	☑使用有效的 Z 范围	最大 0
刀刃长度 l		60			最小 -10
刀柄长度 h		5	相对于边界的刀具位置	○边界内侧 ⊙边界上 ○边界外侧	
刀具全长 L		90	加工参数		
公共参数			加工方向	⊙顺铣 ○逆铣 ○往复	
加工坐标系	加工坐标系名称	MCS	Z 向	⊙层高	层高 0.5
起始点	□使用起始点			○残留高度	
	起始高度 Z	100		加工顺序	⊙Z 优先 ○XY 优先
切入切出			参数	加工精度	0.01
方式	⊙不设定 ○沿着形状 ○螺旋			加工余量	0
加工参数 2			拐角半径	□添加拐角半径	
□执行平坦部识别	□再计算从平坦部分开始的等间距		选项	删除面积系数	0.1
	平坦部面积系数（刀具截面积系数）			删除长度系数	0.1
	同高度容许误差系数				
路径生成方式	⊙不加工平坦部		镶片刀具的使用	□使用镶片刀具	
	○交互		下刀方式		
	○等高线加工后加工平坦部		安全高度（H0）	20	
	○仅加工平坦部				
平坦部加工方式	⊙行距	1	慢速下刀距离（H1）	10	
走刀方式	⊙环切 ○单向 ○往复		退刀距离（H2）	10	

【步骤5】 精铣外圆柱侧面

采用轮廓线精加工的加工方法进行圆柱外轮廓的精加工,加工步骤如下:① 在"加工"工具栏上,单击"轮廓线精加工"按钮 ;② 系统弹出"轮廓线精加工"对话框,填写加工参数表,完成后单击"确定"按钮;③ 按状态栏提示,拾取 $\phi60$ 的圆,完成选择后,系统开始计算并显示所生成的刀具轨迹,如图5-5所示。对生成的粗加工轨迹进行轨迹仿真,更改工艺说明为"轮廓线精加工—精铣外圆柱侧面"。

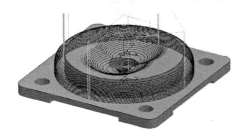

图5-4　精铣轮廓　　　　　　　　　　　图5-5　精铣外圆柱侧面

【步骤6】 精铣圆柱外侧平面

采用区域式粗加工的加工方式来完成圆柱外侧平面的精加工,加工步骤如下:① 在"加工"工具栏上,单击"区域式粗加工"按钮 ;② 系统弹出"区域式粗加工"对话框,填写加工参数表,(注意:精加工时,参数表中的"加工余量=0",加工边界为"最大=-10"、"最小=-10")完成后单击"确定"按钮;③ 按状态栏提示,拾取 80 mm × 80 mm 的加工边界,拾取 $\phi60$ 的圆为岛屿,完成选择后,系统开始计算并显示所生成的刀具轨迹,如图5-6所示。对生成的粗加工轨迹进行轨迹仿真,修改工艺说明为"区域式粗加工—精铣圆柱外侧平面"。

【步骤7】 精铣 $\phi15$ 孔底平面

采用轮廓线精加工的加工方法进行圆柱外轮廓的精加工,加工步骤如下:① 在"加工"工具栏上,单击"轮廓线精加工"按钮 ;② 系统弹出"轮廓线精加工"对话框,填写加工参数表,完成后单击"确定"按钮;③ 按状态栏提示,拾取 $\phi15$ 的圆弧,完成选择后,系统开始计算并显示所生成的刀具轨迹,如图5-7所示。对生成的粗加工轨迹进行轨迹仿真,修改工艺说明为"轮廓线精加工—精铣直径15的孔底平面"。

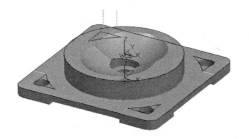
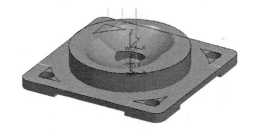

图5-6　精铣圆柱外侧平面　　　　　　　图5-7　精铣 $\phi15$ 孔底平面

【步骤8】 生成加工代码

① 在菜单栏依次执行"加工"→"后置处理"→"生成G代码",弹出"选择后置文件"对话框;② 在"保存在"处选择文件保存路径,在"文件名"处填写文件名

"qumian5-1"；③ 单击"保存"按钮，状态栏提示"拾取刀具轨迹"，在"加工管理"窗口依次拾取要生成 G 代码的刀具轨迹；④ 再右击结束选择，将弹出"qumian5-1.cut"的记事本，文件显示生成的 G 代码。

5.1.4 归纳总结

本任务主要说明了等高线加工方法的应用的方法和加工参数的设置步骤，并从工艺的角度说明了等高线加工方法在较复杂零件的加工工艺分析和加工步骤。

5.1.5 巩固提高

利用所学的加工命令完成图 5-8 所示零件的数控加工程序，毛坯为 170 mm × 130 mm × 50 mm 板料，工件上、下表面和周边已经加工，主要完成零件腔体的数控加工程序，材料为铝合金。

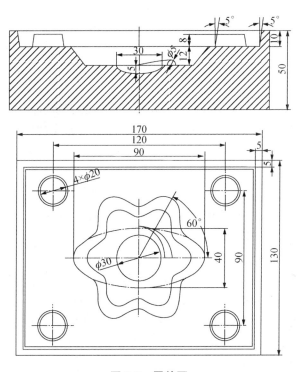

图 5-8　零件图

任务 2　导动线加工

【任务要求】　利用"导动线加工"的命令编制如图 5-9 所示的零件图的数控加工程序。

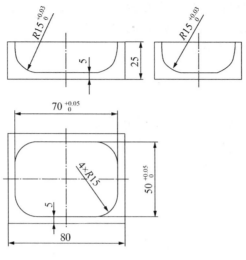

图 5-9 零件图

5.2.1 知识准备

(1) 功能

导动线加工是沿曲面的导动线方向生成粗加工或精加工轨迹。该方法产生的刀具轨迹是两轴半加工轨迹，是二维加工的扩展，导动线加工用轮廓线沿导动线平行运动生成刀具路径轨迹，它适合于应用导动法生成的曲面加工。

(2) 操作

① 单击"导动线粗加工"按钮 或"导动线精加工"按钮，或在工具栏上执行"加工"→"粗加工"→"导动线粗加工"命令或执行"加工"→"精加工"→"导动线精加工"命令，系统弹出对话框。

② 填写加工参数表，完成后单击"确定"按钮。

③ 拾取轮廓线及加工方向。单击拾取轮廓线，按照系统要求选择搜索方向，系统将沿此方向继续搜索轮廓线，该方向同时表示刀具的行进方向。

④ 拾取截面线及加工方向。单击拾取截面线，按照系统要求选择搜索方向，系统将沿此方向继续搜索截面线，该方向同时表示刀具行的排列顺序。

⑤ 生成加工轨迹。完成全部选择之后，右击系统生成刀具轨迹。其操作步骤如图 5-10 所示。

(3) 说明

① 作造型时，只作平面轮廓线和截面线，不用作曲面，简化了造型。

② 生成加工轨迹时，因为它的每层轨迹都是用二维的方法来处理的，所以拐角处如果是圆弧，那么生成的 G 代码中就是 G2 或 G3，充分利用了机床的圆弧插补功能，因此导动加工生成的代码最短，加工效果最好。

③ 生成加工轨迹的速度非常快。

④ 能够自动消除加工的刀具干涉现象。无论是自身干涉还是面间干涉，都可以自动消除，因为它的每层轨迹都是按二维平面轮廓加工来处理的。

⑤ 加工效果好。由于使用圆弧插补,而且刀具轨迹沿截面线按等长分布,所以可以达到较好的加工效果。

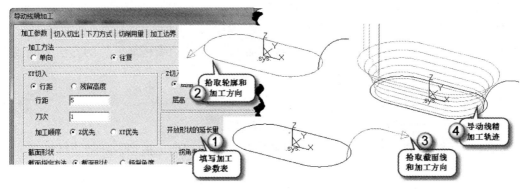

图 5-10 导动线精加工操作步骤

5.2.2 工艺准备

1. 加工准备

选用机床:TK7650 型 FANUC 系统数控铣床。

选用夹具:平口虎钳夹紧定位。

使用毛坯:80 mm×60 mm×25 mm,材料为 45 钢。

2. 工艺分析

该零件加工内容主要是铣削内槽曲面,毛坯四周的面已经加工完成,内腔的表面粗糙度要求 Ra 为 3.2,加工精度为 $50_0^{+0.05}$、$70_0^{+0.05}$、$R15_0^{+0.03}$,故应分为粗、精加工铣削。

3. 加工工艺卡

本任务的加工工艺卡如表 5-4 所示。

表 5-4 加工工艺卡

×××厂	数控加工工序卡片		产品代号	零件名称	零件图号
			×××	曲面零件	×××
工艺序号	程序编号	夹具名称	夹具编号	使用设备	车间
×××	×××	平口钳	×××	TK7650	×××
工步号	工步内容(加工面)	刀具号	刀具规格	主轴转速(r/min)	进给速度(mm/min)	背吃刀量(mm)
1	手动铣毛坯顶面,保证尺寸 25	T01	φ10 平底刀	800	80	
2	型腔侧壁粗加工	T01	φ10 平底刀	800	80	
3	型腔底平面粗加工	T01	φ10 平底刀	800	80	
4	型腔侧壁精加工	T02	φ10 球刀	500	100	
5	型腔底平面精加工	T01	φ10 平底刀	500	100	
编制		审核	批准	共 页	第 页

5.2.3 编制加工程序

1. 确定加工命令

根据本任务零件的特点,选用"导动线粗加工"、"导动线精加工"的方法来完成内腔曲面的精加工。

2. 建立加工模型

(1) 建立加工零件模型

利用"拉伸增料"、"拉伸除料"、"过渡"等命令绘制加工模型,绘制结果如图 5-11 所示。

(2) 建立加工坐标系

在零件的上表面的中心建立加工坐标系(WCS)。在"坐标系"工具栏上,单击"创建坐标系"按钮;在立即菜单中选择"单点";按回车键,在弹出的对话框中输入坐标值;按回车键,输入新坐标系名称"WCS",如图 5-12 所示。

图 5-11 实体模型

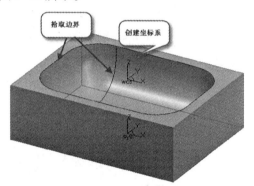
图 5-12 创建坐标系

3. 建立毛坯,拾取加工边界

① 选择"毛坯定义"方式为"参照模型";单击"参照模型"按钮,将在"基准点"和"大小"文本框中显示毛坯的位置和尺寸数值;再单击"确定"按钮,完成毛坯的建立;② 单击"相关线"按钮,选择"实体边界"方式,拾取实体型腔的实体边界,如图 5-12 所示。

4. 加工步骤

【步骤1】 型腔侧壁粗加工

型腔侧壁的粗加工利用"导动线粗加工"来完成,加工步骤如下:① 在"加工"工具栏上,单击"导动线粗加工"按钮,或在菜单栏依次执行"加工"→"粗加工"→"导动线粗加工"命令,弹出"导动线粗加工"对话框;② 按照表 5-5 填写加工参数和刀具参数。填写完成后,单击"确定"按钮;③ 拾取轮廓线及加工方向;④ 拾取截面线及加工方向如图 5-13 所示;⑤ 右击后,生成加工轨迹,如图 5-14 所示。对生成的导动线粗加工轨迹,进行轨迹仿真,修改工艺说明为"型腔侧壁粗加工"。

表 5-5 导动线粗加工参数表

刀具参数		切削用量		
刀具名	D10	速度值	主轴转速	800
刀具号	01		慢速下刀速度	100
刀具补偿号	01		切入切出连接速度	300
刀具半径 R	5		切削速度	80
刀角半径 r	0		退刀速度	200
刀柄半径 b	6	加工边界		
刀尖角度 a	120	Z 设定	☑使用有效的 Z 范围	最大	0
刀刃长度 l	60			最小	-20
刀柄长度 h	5	相对于边界的刀具位置	○边界内侧　◎边界上　○边界外侧	
刀具全长 L	90	加工参数		
公共参数			加工方向	◎顺铣　○逆铣	
加工坐标系	加工坐标系名称	MCS	XY 切入	◎行距 ○残留高度	行距	2
起始点	□使用起始点	—	—		
	起始高度 Z	100	Z 切入	◎层高 ○残留高度	层高	1
切入切出		精度	加工精度	0.1	
方式	◎不设定　○沿着形状　○螺旋		加工余量	0.1	
—		拐角半径	□添加拐角半径	○刀具直径百分比	
下刀方式				○半径	
安全高度（H0）	20	截面形状	截面指定方法	◎截面形状　○倾斜角度	
			截面认识方法	○向上方向　◎向下方向	
慢速下刀距离（H1）	10	XY 加工方向	○由外向里 ◎由里向外		
退刀距离（H2）	10				

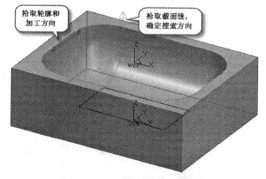

图 5-13　拾取轮廓线和截面线

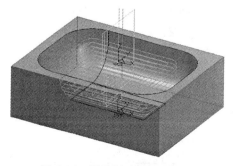

图 5-14　型腔侧壁粗加工轨迹

【步骤2】 型腔底平面粗加工

采用区域式粗加工的加工方式来完成型腔底平面的粗加工,加工步骤如下:① 单击"相关线"按钮,选择"实体边界"方式,拾取型腔底平面的实体边界,如图 5-15 所示;② 在"加工"工具栏上,单击"区域式粗加工"按钮 ,系统弹出"区域式粗加工"对话框,填写加工参数表,完成后单击"确定"按钮;③ 按状态栏提示,拾取的型腔底面的实体边界作为加工边界,完成选择后,右击,没有岛屿,继续右击,系统开始计算并显示所生成的刀具轨迹,如图 5-15 所示。对生成的粗加工轨迹进行轨迹仿真,修改工艺说明为"区域式粗加工—型腔底平面粗加工"。

【步骤3】 型腔侧壁精加工

型腔侧壁的精加工利用"导动线精加工"来完成,加工步骤如下:① 在"加工"工具栏上,单击"导动线精加工"按钮 ,弹出"导动线精加工"对话框;② 按照表 5-6 填写加工参数和刀具参数,填写完成后,单击"确定"按钮;③ 拾取轮廓线及加工方向;④ 拾取截面线及加工方向,拾取过程与导动线粗加工相同,拾取结束后,右击,生成加工轨迹,如图 5-16 所示。对生成的导动线精加工轨迹,进行轨迹仿真,修改工艺说明为"导动线精加工—型腔侧壁精加工"。

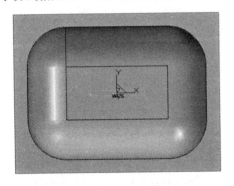 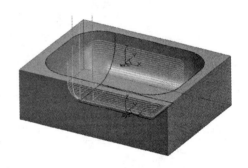

图 5-15 型腔底平面粗加工　　　图 5-16 型腔侧壁精加工轨迹

表 5-6 导动线精加工参数表

刀具参数		切削用量			
刀具名	D10	速度值	主轴转速		500
刀具号	02		慢速下刀速度		100
刀具补偿号	02		切入切出连接速度		300
刀具半径 R	5		切削速度		100
刀角半径 r	5		退刀速度		200
刀柄半径 b	6	加工边界			
刀尖角度 a	120	Z 设定	☑使用有效的 Z 范围	最大	0
刀刃长度 l	60			最小	-20
刀柄长度 h	5	相对于边界的刀具位置	○边界内侧　◉边界上　○边界外侧		

续表

刀具全长 L		90	加工参数			
公共参数			加工方向		○单向　⊙往复	
加工坐标系	加工坐标系名称	MCS	XY 切入	⊙行距 ○残留高度	行距	1
起始点	□使用起始点			加工顺序	⊙Z 优先　○XY 优先	
	起始高度 Z	100	Z 切入	⊙层高 ○残留高度	层高	0.5
切入切出			开放形状的延长量		0	
方式	○不设定　○沿着形状　⊙螺旋		截面形状	截面指定方法	⊙截面形状　○倾斜角度	
下刀方式				截面认识方法	⊙上方向（左） ○上方向（右） ○下方向（左） ○下方向（右）	
安全高度（H0）		20				
慢速下刀距离（H1）		10				
退刀距离（H2）		10				
—	—			□添加拐角半径		
			精度	加工精度	0.01	
				加工余量	0	

【步骤4】 型腔底平面精加工

采用轮廓线精加工的加工方法进行底平面的精加工，加工步骤如下：① 在"加工"工具栏上，单击"轮廓线精加工"按钮；② 系统弹出"轮廓线精加工"对话框，填写加工参数表，完成后单击"确定"按钮；③ 按状态栏提示，拾取底平面内的矩形，完成选择后，系统开始计算并显示所生成的刀具轨迹，如图 5-17 所示。对生成的粗加工轨迹进行轨迹仿真，修改工艺说明为"型腔底平面精加工"。

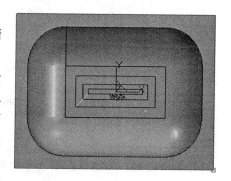

图 5-17　型腔底平面精加工

【步骤5】 生成加工代码

① 在菜单栏依次执行"加工"→"后置处理"→"生成 G 代码"命令，弹出"选择后置文件"对话框；② 在"保存在"处选择文件保存路径，在"文件名"处填写文件名"qumian5-2"；③ 单击"保存"按钮，状态栏提示"拾取刀具轨迹"，在"加工管理"窗口依次拾取要生成 G 代码的刀具轨迹；④ 再右击结束选择，将弹出"qumian5-2.cut"的记事本，文件显示生成的 G 代码。

相关知识——导动线

1. 导动线粗加工加工参数

（1）截面形状
① 截面指定方法有以下两种选择。
截面形状：参照加工领域的截面形状所指定的形状。
倾斜角度：以指定的倾斜角度，做成一定倾斜的轨迹。输入范围为0°～90°。
② 截面认识方法有以下两种选择。
向上方向：对于加工领域，指定朝上的截面形状（倾斜角度方向），生成的轨迹如图5-18所示。
向下方向：对于加工领域，指定朝下的截面形状（倾斜角度方向），生成轨迹如图5-19所示。

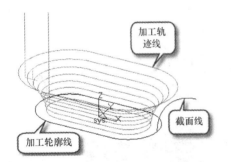
图5-18　向上方向生成导动线粗加工轨迹

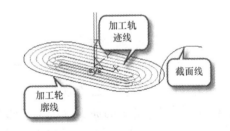
图5-19　向下方向生成导动线粗加工轨迹

注意：在三维截面形状中，指定形状为凸型形状时，不能够生成轨迹。
（2）XY加工方向
XY加工方向有由外向里和由里向外两种选择，通常指定为"由里向外"。
① 由外向里：从加工边界（基本形状）一侧向加工领域的中心方向进行加工。
② 由里向外：从加工领域的中心向加工边界（基本形状）一侧方向进行加工。

2. 导动线精加工参数

截面的认识方法有：上方向（左）、上方向（右）、下方向（右）及下方向（左）4种截面的认识方法。对于加工领域设定的箭头方向，指定截面形状及上下方向，不能参照三维截面形状。

加工领域为逆时针时，凹模、凸模（内外）关系相反。图5-20是在上方向（左）时所生成的加工轨迹，图中浅色线条为轨迹截图，深色线条为加工领域，左侧的图中加工领域为顺时针方向，右侧图中加工领域为逆时针方向。
① 上方向（左）：加工领域为顺时针时，凹模形状生成逆铣轨迹。加工领域为逆时针时，凸模形状生成逆铣轨迹。

② 上方向（右）：加工领域为顺时针时，凸模形状生成顺铣轨迹。加工领域为逆时针时，凹模形状生成顺铣轨迹。

③ 下方向（右）：加工领域为顺时针时，凹模形状生成逆铣轨迹。加工领域为逆时针时，凸模形状生成逆铣轨迹。

④ 下方向（左）：加工领域为顺时针时，凸模形状生成顺铣轨迹。加工领域为逆时针时，凹模形状生成顺铣轨迹。

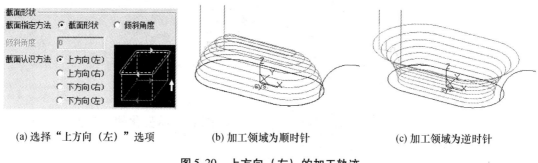

(a) 选择"上方向（左）"选项　　(b) 加工领域为顺时针　　(c) 加工领域为逆时针

图 5-20　上方向（左）的加工轨迹

5.2.4　归纳总结

本任务主要说明了利用"导动线加工"方法来进行曲面的加工。在选用"导动线加工"方法时，需要注意拾取截面线和轮廓线的方向，如果拾取的方向不同，会导致生成的刀具加工轨迹不同。

5.2.5　巩固提高

完成图 5-21 所示零件的数控加工程序，毛坯为 140 mm × 240 mm × 50 mm 板料，工件下表面和周边已经加工，要求完成上表面和凸台部分的数控加工程序，材料为铝合金。

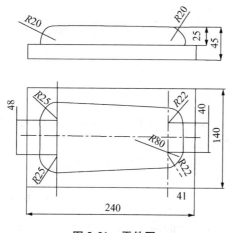

图 5-21　零件图

任务3　扫描线粗加工和三维偏置精加工

【任务要求】　利用"扫描线粗加工"和"三维偏置精加工"加工方法，加工如图 2-13所示的五角星。

5.3.1　知识准备

1. 扫描线粗加工

（1）功能

该方法产生与坐标轴成特定角度且相互平行并依照曲面形状变化的三维粗加工刀具路径轨迹。

（2）操作

① 单击"扫描线粗加工"按钮，或执行"加工"→"粗加工"→"扫描线粗加工"命令，系统弹出"扫描线粗加工"对话框；② 填写加工参数表，完成后单击"确定"按钮；③ 拾取要扫描加工的区域；④ 完成全部选择之后，右击系统生成刀具轨迹。

2. 三维偏置精加工

（1）功能

该加工方式可沿着曲面生成空间三维偏置的精加工刀具轨迹。

（2）操作

① 单击"三维偏置精加工"按钮，或执行"加工"→"精加工"→"三维偏置精加工"命令，系统弹出"三维偏置精加工"对话框；② 填写加工参数表，完成后单击"确定"按钮；③ 拾取要加工曲面和加工边界；④ 完成全部选择之后，右击生成刀具轨迹。

5.3.2　工艺准备

1. 加工准备

选用机床：TK7650 型 FANUC 系统数控铣床。

选用夹具：工件的坐标原点在五角星的底面中心，加工前在毛坯的底面铣两个侧平面，然后用毛坯的底面、侧平面定位，虎钳夹紧。

使用毛坯：$\phi 220$ mm×50 mm 棒料，材料为铝合金。

2. 工艺分析

该零件加工内容主要是五角星的曲面，尽管没有标注加工精度和粗糙度。但是为了说明扫描线粗加工和三维偏置的精加工两个加工方法，把加工过程划分为粗、精加工两个步骤进行铣削。

3. 加工工艺卡

本任务的加工工艺卡如表5-7所示。

表5-7 加工工艺卡

×××厂		数控加工工序卡片		产品代号	零件名称	零件图号
				×××	五角星零件	×××
工艺序号	程序编号	夹具名称	夹具编号	使用设备		车间
×××	×××	平口钳	×××	TK7650		×××
工步号	工步内容（加工面）	刀具号	刀具规格	主轴转速（r/min）	进给速度（mm/min）	背吃刀量（mm/min）
1	手动铣毛坯底部的两个侧平面	T01	φ10平底刀	1 000	100	
2	粗加工五角星	T02	φ6平底刀	1 000	100	
3	精加工五角星	T03	φ3球刀	800	120	
编制		审核		批准	共 页　第 页	

5.3.3 编制加工程序

1. 确定加工命令

根据本任务零件的特点，选用"扫描线粗加工"、"三维偏置精加工"的方法来完成五角星形状的外形加工。

2. 建立加工模型

（1）绘制加工零件模型

利用"扫描面"、"直纹面"、"阵列"、"平面"、"曲面加厚增料"等命令绘制加工模型，绘制结果如图5-22所示。

（2）建立加工坐标系

在图5-22中，坐标系建在了五角星的底面，因此不再做调整。

3. 建立毛坯

① 选择"毛坯定义"方式为"参照模型"；② 单击"参照模型"按钮，将在"基准点"和"大小"文本框中显示毛坯的位置和尺寸数值；③ 再单击"确定"按钮，完成毛坯的建立，如图5-23所示。

图5-22 五角星模型

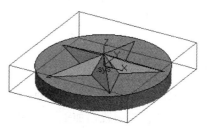

图5-23 建立毛坯图

4. 五角星的粗加工

五角星粗加工利用"扫描线粗加工"来完成，加工步骤如下：① 在"加工"工具栏上，单击"扫描线粗加工"按钮，或在菜单栏依次执行"加工"→"粗加工"→"扫描线粗加工"命令，弹出"扫描线粗加工"对话框；② 按照表5-8填写加工参数和刀具参数，单击"确定"按钮；③ 拾取待加工曲面，如果是空间曲面，可以采用框选的方式选择待加工曲面；如果是实体模型，单击实体模型可以拾取到实体模型；④ 拾取结束后右击，再右击默认加工边界为毛坯边界，得到加工轨迹；⑤ 在特征树中拾取加工轨迹进行轨迹仿真，修改工艺说明为"扫描线粗加工—五角星粗加工"，如图5-24所示。

表5-8 扫描线粗加工参数表

刀具参数		切削用量		
刀具名	D6	速度值	主轴转速	1 000
刀具号	02		慢速下刀速度	100
刀具补偿号	02		切入切出连接速度	300
刀具半径 R	3		切削速度	100
刀角半径 r	0		退刀速度	200
刀柄半径 b	6	加工边界		
刀尖角度 a	120	Z设定	☑使用有效的Z范围	最大	20
刀刃长度 l	60			最小	0
刀柄长度 h	20	相对于边界的刀具位置	○边界内侧 ⊙边界上 ○边界外侧	
刀具全长 L	90	加工参数		
公共参数		加工方向	○顺铣 ○逆铣 ⊙往复	
加工坐标系	加工坐标系名称 MCS	加工方法	⊙精加工 ○顶点路径 ○顶点继续路径	
起始点	□使用起始点	Z向	⊙层高 ○残留高度	层高	10
	起始高度 Z 100	XY向	⊙层高 ○残留高度	行距	20
下刀方式				角度	35
安全高度（H0）	60	参数	加工精度	0.1
慢速下刀距离（H1）	5			
退刀距离（H2）	5		加工余量	0.3

5. 五角星的精加工

五角星粗加工利用"三维偏置精加工"来完成，加工步骤如下：① 在"加工"工具栏上，单击"三维偏置精加工"按钮，或在菜单栏依次执行"加工"→"粗加工"→"三维偏置精加工"命令，弹出"三维偏置精加工"对话框；② 按照表5-9填写加工参数和刀具参数,其中"加工边界"参数,采用单击"参照毛坯"设置,单击"确定"按钮;③ 拾取待加工曲面,如果是空间曲面,可以采用框选的方式选择待加工曲面,如果是实体模型,单击实体模型可以拾取整个实体模型,拾取结束后右击;④ 拾取 φ220 圆为加工边界,右击得到加工轨迹,如图 5-25 所示。在特征树栏目中拾取加工轨迹进行轨迹仿真,修改工艺说明为"三维偏置精加工—五角星精加工"。

表 5-9 三维偏置精加工参数表

刀具参数		切削用量		
刀具名	D3		主轴转速	1 000
刀具号	03		慢速下刀速度	100
刀具补偿号	03	速度值	切入切出连接速度	300
刀具半径 R	1.5		切削速度	100
刀角半径 r	1.5		退刀速度	200
刀柄半径 b	6	加工边界		
刀尖角度 a	120	Z 设定	☑使用有效的 Z 范围	最小	最大
刀刃长度 l	60		☑参照毛坯	
刀柄长度 h	20	相对于边界的刀具位置	○边界内侧 ○边界上 ○边界外侧	
刀具全长 L	90	加工参数		
公共参数		加工方向	⊙顺铣 ○逆铣	
加工坐标系	加工坐标系名称	MCS	进行方向	⊙边界→内侧 ○内侧→边界	
起始点	□使用起始点		切入	行距	5
	起始高度	Z	100		
下刀方式		行间连接方式	○抬刀 ⊙投影	最小抬刀高度	1
安全高度(H0)	50			
慢速下刀距离(H1)	10	精度	加工精度	0.1
退刀距离(H2)	10		加工余量	0

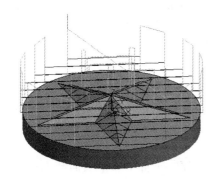

图 5-24 五角星粗加工轨迹

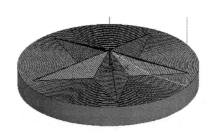

图 5-25 五角星精加工轨迹

6. 生成加工代码

① 在菜单栏依次执行"加工"→"后置处理"→"生成 G 代码"命令，弹出"选择后置文件"对话框；② 在"保存在"处选择文件保存路径，在"文件名"处填写文件名"qumian5-3"；③ 单击"保存"按钮，状态栏提示"拾取刀具轨迹"，在"加工管理"窗口依次拾取要生成 G 代码的刀具轨迹；④ 再右击结束选择，将弹出"qumian5-3.cut"的记事本，文件显示生成的 G 代码。

相关知识——扫描线粗加工参数

① 精加工：加工过程中，刀具沿工件表面有上坡和下坡的过程。其优点是加工过程抬刀较少，加工效率较高；其缺点是下坡时刀具易出现让刀和啃刀现象。

② 顶点路径：加工过程中，刀具均以上坡式铣削工件，抬刀较多，加工效率不高，但可避免让刀和啃刀现象，刀具受力较小，可减少零件表面的塑性变形。

③ 顶点继续路径：加工过程中，刀具均以上坡方式铣削零件，生成含有最高顶点的加工轨迹，即达到顶点后继续走刀，加工效率相对较高，刀具受力较小，可减少零件表面的塑性变形。

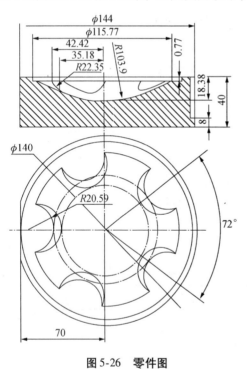

图 5-26 零件图

5.3.4 归纳总结

本任务主要说明了"扫描线粗加工"、"三维偏置精加工"的加工方法和加工参数的设置，通过本任务的学习，能够掌握这两种加工方法的应用原则。

5.3.5 巩固提高

完成图 5-26 所示零件的数控加工程序，毛坯为 $\phi 40\ mm \times 50\ mm$ 棒料，工件下表面和圆周已经加工，要求完成上表面曲面的数控加工程序，材料为铝合金。

任务 4　综合加工实例——花盘的加工

【任务要求】　完成图 5-27 所示零件的数控加工程序，工件上、下表面和毛坯周边已经加工。

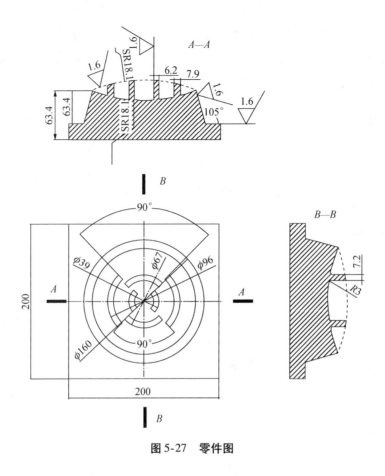

图 5-27 零件图

5.4.1 知识准备

1. 投影线精加工

（1）功能
把已经生成的刀具轨迹投影到空间曲面上，所得到的加工轨迹。

（2）操作
① 单击"投影线精加工"按钮 ，或执行"加工"→"精加工"→"投影线精加工"命令，系统弹出"摄影线精加工"对话框；② 填写加工参数表，完成后单击"确定"按钮；③ 选择加工轨迹，拾取加工对象；④ 完成全部选择之后，右击结束（无干涉曲面，右击继续），系统生成刀具轨迹。

2. 笔式清根加工

（1）功能
笔式清根加工是在精加工结束后在零件的根角部再清一刀，生成角落部分的补加工刀具轨迹。

（2）操作

① 单击"笔式清根加工"按钮，或执行"加工"→"补加工"→"笔式清根加工"命令，系统弹出"笔式清根加工"对话框；② 填写加工参数表，完成后单击"确定"按钮；③ 拾取待加工实体；④ 完成全部选择之后，右击生成刀具轨迹。

5.4.2 工艺准备

1. 加工准备

选用机床：TK7650 型 FANUC 系统数控铣床。
选用夹具：平口虎钳夹紧定位。
使用毛坯：200 mm×200 mm×75 mm 板料，材料为铝合金。

2. 工艺分析

该花盘零件由矩形底座，圆台、花盘底面和顶曲面等组成，工件表面粗糙度要求 Ra 为 1.6，加工精度要求较高。根据零件形状和加工精度要求，可以一次装夹完成加工内容，采用先粗后精的原则确定加工顺序，花盘的底部曲面和顶部曲面加工余量比较少，可采用投影线精加工方法，通过设定加工余量完成粗加工的任务。

3. 加工工艺卡

本任务的加工工艺卡如表 5-10 所示。

表 5-10 加工工艺卡

×××厂		数控加工工序卡片		产品代号	零件名称	零件图号
				×××	凹台零件	×××
工艺序号	程序编号	夹具名称		夹具编号	使用设备	车间
×××	×××	平口钳		×××	TK7650	×××
工步号	工步内容（加工面）	刀具号	刀具规格	主轴转速（r/min）	进给速度（mm/min）	背吃刀量（mm）
1	粗铣圆台	T01	φ8 平底刀	800	80	2
2	精铣圆台	T02	φ8 铣刀	800	80	0.5
3	粗铣花盘顶部球面	T01	φ8 平底刀	800	80	2
4	精铣花盘顶部球面	T02	φ6 球刀	1 000	100	0.5
5	粗铣花盘	T02	φ6 平底刀	1 000	100	0.5
6	精铣花盘	T02	φ6 球刀	1 000	100	0.5
7	精铣平面	T01	φ8 平底刀	1 000	100	1
8	清根	T02	φ6 球刀	1 000	100	0.5
编制		审核		批准	共 页	第 页

5.4.3 编制加工程序

1. 确定加工命令

根据本任务零件的特点，选用"投影线精加工"、"笔式清根加工"、"导动线精加工"、"平面区域粗加工"等方法来完成花盘零件的加工。

2. 建立加工模型

（1）建立加工零件模型

【步骤1】 绘制底板

利用"拉伸增料"命令绘制底板实体模型。① 在特征树中选择 XY 平面，按 F2 键或单击"草图"按钮 ![] 进入草图状态；② 单击"矩形"按钮 ![]，选择"中心_长_宽"选项，在对话框内输入"长度=200"、"宽度=200"，绘制一个边长为 200 的正方形；③ 单击"拉伸增料"按钮 ![]，选择拉伸类型"固定深度"，"深度=20"，拉伸对象为上述绘制的"草图"，拉伸为"实体特征"，单击"确定"按钮，绘制结果如图 5-28 所示。

【步骤2】 绘制圆台

利用"旋转增料"命令绘制圆台模型。① 在特征树中选择 YZ 平面，按 F2 键或单击"草图"按钮 ![] 进入草图状态；② 绘制一个下底边为 80，上底边为 48，高为 63.4，左下角点在坐标原点，退出草图状态，在 YZ 平面内绘制铅垂线；③ 单击"旋转增料"按钮 ![]，弹出"旋转"对话框；选取旋转类型为"单向旋转"，输入"旋转角度"为"360"，拾取刚刚绘制的"草图"，拾取铅垂线作为空间轴线，单击"确定"按钮完成操作，结果如图 5-29 所示。

图 5-28 拉伸实体

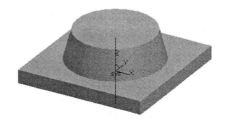

图 5-29 绘制圆台

【步骤3】 绘制花盘底部球面

利用"曲面裁剪"命令绘制花盘底部球面。① 按 F9 键，绘制 R181 的圆弧为母线，铅垂线为轴线，单击"旋转面"按钮 ![]；② 输入"起始角=0°"、"终止角=360°"。拾取旋转轴线，并选择方向。拾取母线，拾取完毕即可生成旋转面，如图 5-30 所示；③ 单击"曲面裁剪除料"按钮 ![]，拾取旋转面，选择除料方向，单击"确定"按钮。隐藏曲面后，得到裁剪的实体，如图 5-31 所示。

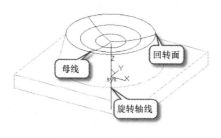

图 5-30 拉伸实体

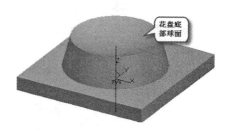

图 5-31 绘制圆台

【步骤4】 绘制花盘

利用"拉伸增料"和"曲面裁剪除料"命令绘制花盘。① 在特征树中选择 XY 平面，按 F2 键或单击"草图"按钮，进入草图状态；② 单击"圆"按钮，选择"圆心_半径"方式，绘制如图 5-32 所示的草图；③ 单击"拉伸增料"按钮，选择拉伸类型"固定深度"，"深度 = 80"，拉伸对象为上述绘制的花盘草图，拉伸为"实体特征"，单击"确定"按钮，绘制结果如图 5-33 所示；④ 按 F9 键，绘制 R181 的圆弧作为母线，铅垂线为轴线，单击"旋转面"按钮。输入"起始角 = 0°"、"终止角 = 360°"；拾取旋转轴线，并选择方向。拾取母线，拾取完毕即可生成旋转面，如图 5-34 所示；⑤ 单击"曲面裁剪除料"按钮，拾取旋转面，选择除料方向，单击"确定"按钮。隐藏曲面后，得到裁剪的实体，花盘绘制完成，如图 5-35 所示。

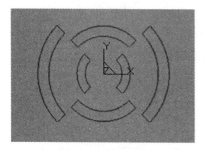

图 5-32 绘制草图

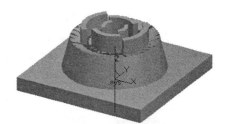

图 5-33 拉伸花盘

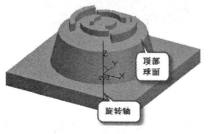

图 5-34 裁剪曲面

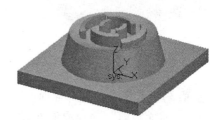

图 5-35 完成花盘绘制

（2）建立加工坐标系

① 在绘图过程中，坐标系建在了花盘的底面，在此不再做调整；② 在"曲线生成"工具栏上，单击"相关线"按钮，在立即菜单中选择"实体边界"，在绘图区拾取花盘顶部棱边和圆台的上下棱边，创建零件的辅助轮廓线，如图 5-36 所示。

3. 建立毛坯

选择"毛坯定义"方式为"参照模型";单击"参照模型"按钮,将在"基准点"和"大小"文本框中显示毛坯的位置和尺寸数值;再单击"确定"按钮,完成毛坯的建立,如图 5-37 所示。

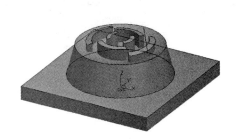

图 5-36 绘制加工轮廓线

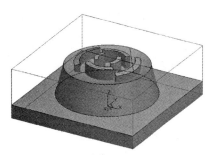

图 5-37 建立毛坯

4. 加工步骤

【步骤1】 粗铣圆台外侧

粗铣圆台采用"平面区域粗加工"方法。① 在"加工"工具栏上,单击"平面区域粗加工"按钮 ▣ ,弹出"平面区域粗加工"对话框,填写加工参数"加工余量"为"0.3"、"加工精度"为"0.1","顶层高度为毛坯高度75","底层高度"为"20",填写完加工参数后,单击"确定"按钮,生成加工轨迹,如图 5-38 所示;② 更改工艺说明为"粗铣圆台外侧";③ 在"加工管理"窗口选择"粗铣圆台"外侧的轨迹进行轨迹仿真。

【步骤2】 精铣圆台

精铣圆台侧面采用"导动线精加工"方法。① 在"加工"工具栏上,单击"导动线精加工"按钮 ▣ ,弹出"导动线精加工"对话框,填写加工参数和刀具参数后,单击"确定"按钮;② 拾取截面线及加工方向,拾取结束后,右击,生成加工轨迹,如图 5-39 所示;③ 对生成的加工轨迹进行轨迹仿真;④ 修改工艺说明为"精铣圆台"。

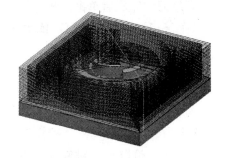

图 5-38 粗铣圆台外侧

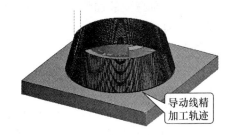

图 5-39 精铣圆台侧面

【步骤3】 粗铣花盘顶部球面

粗铣花盘顶部的球面采用"投影线精加工"方法。① 在"加工"工具栏上,单击"平面区域粗加工"按钮 ▣ ,弹出"平面区域粗加工"对话框,填写加工参数,如图 5-40

所示。填写完加工参数后，单击"确定"按钮，生成"平面区域粗加工1"加工轨迹；② 单击"投影线精加工"按钮，系统弹出"投影线精加工"对话框；填写加工参数表"加工余量"为"0.3"，"加工精度"为"0.1"，刀具为φ6球刀，完成后单击"确定"按钮；③ 根据状态提示，选择"平面区域粗加工"轨迹，拾取顶部的球面作为加工对象（左键选取，右键确认），选择干涉曲面，无干涉曲面，右击继续，系统生成刀具轨迹，如图5-41所示；④ 在"加工管理"窗口选择的轨迹进行轨迹仿真，更改工艺说明为"粗铣花盘顶部球面"。

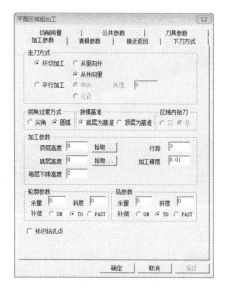

图5-40　"平面区域粗加工"对话框

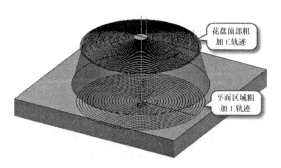

图5-41　粗铣花盘顶部球面

【步骤4】　精铣花盘顶部球面

① 在加工管理树中，复制、粘贴"平面区域粗加工"和"粗铣花盘顶部球面"轨迹，更改工艺说明为"精铣花盘顶部球面"；② 在"平面区域粗加工"对话框中，修改加工参数"加工余量"为"0"、"加工精度"为"0.01"，修改结束后，单击"确定"按钮，生成"平面区域粗加工2"的刀具轨迹；③ 在"投影线精加工"对话框中，修改参数"加工余量"为"0"、"加工精度"为"0.01"，刀具为φ6球刀，完成后单击"确定"按钮，生成精铣花盘顶部球面的加工轨迹，如图5-42所示；④ 在"加工管理"窗口依次选择轨迹进行轨迹仿真。

【步骤5】　粗铣花盘

采用"投影线精加工"的加工方法来进行花盘的铣削，加工步骤如下：① 单击"投影线精加工"按钮，系统弹出"投影线精加工"对话框；填写加工参数表"加工余量"为"0.3"、"加工精度"为"0.1"，刀具为φ6球刀，完成后单击"确定"按钮；② 根据状态提示，选择第一个"平面区域粗加工1"轨迹，拾取加工对象（左键选取，右键确认），单击实体模型作为干涉曲面，系统生成刀具轨迹，如图5-43所示；③ 在"加工管理"窗口中选择轨迹进行轨迹仿真，更改工艺说明为"粗铣花盘"。

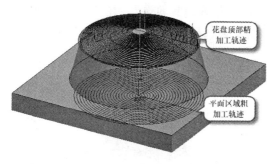

图 5-42　精铣花盘顶部球面

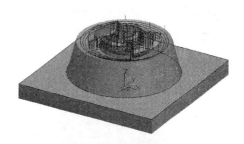

图 5-43　粗铣花盘

【步骤 6】　精铣花盘

采用"投影线精加工"的加工方法来进行花盘的精加工，加工步骤如下：① 单击"投影线精加工"按钮，系统弹出"投影线精加工"对话框；填写加工参数表"加工余量"为"0"、"加工精度"为"0.01"，刀具为 φ6 球刀，完成后单击"确定"按钮；② 根据状态提示，选择"平面区域粗加工 2"轨迹，拾取加工对象（左键选取，右键确认），单击实体模型作为干涉曲面（无干涉曲面，右击继续），系统生成刀具轨迹，如图 5-44 所示；③ 在"加工管理"窗口中选择轨迹进行轨迹仿真，更改工艺说明为"精铣花盘"。

【步骤 7】　精铣平面

采用"轮廓线精加工"的加工方法进行底平面的精加工，加工步骤如下：① 在"加工"工具栏上，单击"轮廓线精加工"按钮，系统弹出"轮廓线精加工"对话框；② 填写加工参数表，"加工余量"为"0"、"加工精度"为"0.01"加工边界"最大为 20.3"、"最小为 20"，填写完成后单击"确定"按钮；③ 按状态栏提示，拾取加工轮廓线，系统开始计算并显示所生成的刀具轨迹，如图 5-45 所示；④ 在"加工管理"窗口中选择轨迹进行轨迹仿真，仿真结果如图 5-46 所示。修改工艺说明为"精铣平面"。

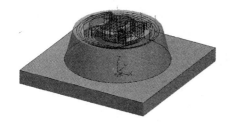

图 5-44　精铣花盘

图 5-45　精铣平面

【步骤 8】　笔式清根加工

① 单击"笔式清根加工"按钮，或执行"加工"→"补加工"→"笔式清根加工"命令，系统弹出"笔式清根加工"对话框；② 填写加工参数表，完成后单击"确定"按钮；③ 拾取待加工实体；④ 完成全部选择之后，右击生成刀具轨迹，如图 5-47 所示。在"加工管理"窗口选择轨迹进行轨迹仿真，修改工艺说明为"笔式清根加工—清根"。

【步骤 9】　生成加工代码

① 在菜单栏依次执行"加工"→"后置处理"→"生成 G 代码"命令，弹出"选择后置文件"对话框；② 在"保存在"处选择文件保存路径，在"文件名"处填写文件名

"qumian5-4";③ 单击"保存"按钮,状态栏提示"拾取刀具轨迹",在"加工管理"窗口依次拾取要生成 G 代码的刀具轨迹;④ 再右击结束选择,将弹出"qumian5-3.cut"的记事本,文件显示生成的 G 代码。

图 5-46 轨迹仿真

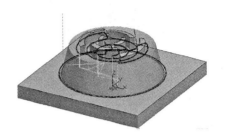

图 5-47 笔式清根

5.4.4 归纳总结

本任务主要说明了较复杂零件的数控加工工艺的编制过程和利用 CAXA 软件进行自动编程的过程。通过本任务的学习能够对中等难度的零件进行数控加工工艺分析,确定加工路线,编制数控加工程序。

5.4.5 巩固提高

完成图 5-48 所示零件的数控加工程序,毛坯为 100 mm × 100 mm × 25 mm 板料,工件下表面和四周已经加工,要求完成上表面曲面的数控加工程序,材料为铝合金。

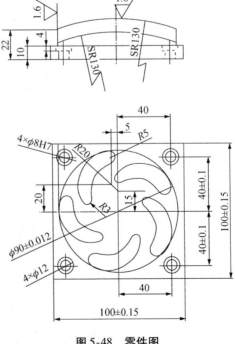

图 5-48 零件图

5.4.6 其他加工方法

1. 摆线式粗加工

(1) 功能

摆线式加工是利用刀具沿一滚动圆的运动来逐次对零件表面进行高速与小切削量的切削。采用该种方法可以有效地对零件上的窄槽和轮廓进行高速小切量切削,切入、切出平稳,对刀具有很好的保护作用。

(2) 操作

① 单击"摆线式粗加工"按钮 ⌘,或执行"加工"→"粗加工"→"摆线式粗加工"命令,系统弹出"摆线式粗加工"对话框;② 填写加工参数后,单击"确定"按钮;③ 系统提示"拾取加工对象",单选"多窗选加工对象",拾取完成后,右击确认;④ 系统提示"拾取加工边界",拾取封闭的加工边界曲线,或直接右击跳过拾取边界曲线,生成加工轨迹。

(3) 加工参数

① 加工方向

【X方向(+)】生成沿着X轴正方向的加工轨迹,如图5-49所示。
【X方向(-)】生成沿着X轴负方向的加工轨迹,如图5-50所示。
【Y方向(+)】生成沿着Y轴正方向的加工轨迹,如图5-51所示。
【Y方向(-)】生成沿着Y轴负方向的加工轨迹,如图5-52所示。
【X+Y方向】生成从模型周围开始,各方向的加工轨迹,如图5-53所示。

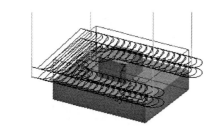

图5-49 X方向(+)

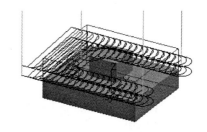

图5-50 X方向(-)

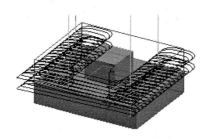

图5-51 Y方向(+)

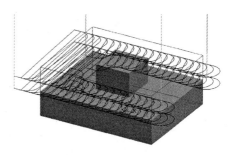

图5-52 Y方向(-)

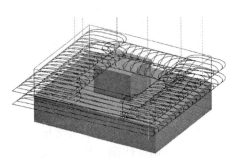

图 5-53　X+Y 方向

② Z 切入

定义每层轨迹下降的高度。

【层高】Z 向每加工层的切削深度。

【残留高度】系统会根据残留高度的大小计算 Z 向层高，并在对话框中显示提示。

【最大层间距】根据残余量的高度值，在求得 Z 方向的切削深度时，为防止在加工较陡斜面时可能产生切削量过大的现象出现，限制产生的切削量在"最大层间距"的设定值之下。

【最小层间距】根据残余量的高度值，在求得 Z 方向的切削深度时，为防止在加工较平坦斜面时可能产生切削量过小的现象出现，限制产生的切削量在"最小层间距"的设定值之上。

2. 插铣式粗加工

（1）功能

插铣式粗加工是指在切削时刀具相对于工件向下运动，又称为 Z 轴铣削法。插铣式粗加工是实现高切除率金属切削最有效的加工方法之一。对于难加工材料的曲面加工、切槽加工以及刀具悬伸长度较大的加工，插铣法的加工效率，远远高于常规的端面铣削法。

（2）操作

① 单击"插铣式粗加工"按钮，或执行"加工"→"粗加工"→"插铣式粗加工"命令，系统弹出"插铣式粗加工"对话框；② 填写加工参数，完成后单击"确定"按钮；③ 系统提示"拾取加工对象"，单选"多窗选加工对象"，拾取完成后，右击确认；④ 系统提示"拾取加工边界"，拾取封闭的加工边界曲线，或者直接右击跳过拾取边界曲线，生成的加工轨迹。

（3）加工参数

钻孔模式有以下 3 种选择。

4 方向：插铣式粗加工的加工方向限定于 XY 轴的正、负方向上，适用于数据量和矩形形状比较多的模型。

6 方向：插铣式粗加工的方向限定于周围 60°间隔，适用于倾斜 60°或 120°较多的模型。

8 方向：插铣式粗加工的方向限定于周围 45°间隔，这种加工形式是比 4 方向间隔更细小、能更自由移动的加工。

钻孔间隔：是指插铣式粗加工时刀具之间的距离。

3. 参数线精加工

（1）功能

沿着单个或者多个曲面的参数线方向生成三轴刀具轨迹。

（2）操作

① 单击"参数线精加工"按钮，或执行"加工"→"精加工"→"参数线精加工"命令，系统弹出"参数线精加工"对话框。

② 填写加工参数，完成后单击"确定"按钮。

③ 拾取加工曲面。加工参数设置完成后，系统弹出立即菜单，其中给出拾取方式选项，如果为单个拾取，必须分别拾取加工曲面，曲面拾取完毕后，右击结束曲面拾取；如果拾取方式为链拾取，拾取到第一个曲面后，依状态栏提示拾取曲面角点，选择搜索方向，曲面角点和方向相结合就能确定链拾取的方向。

④ 选择进刀点和进刀方向。依状态栏提示，拾取第一张曲面的某个角点为进刀点，系统将显示默认的进刀方向，可以利用的刀具进给方向包括两个，即 U 向和 W 向，即曲面的参数线方向。单击可在两个方向之间进行切换，确认后右击结束。

⑤ 选择曲面加工方向。给定进刀点和加工的步进方向后，系统要求选择曲面加工方向，在曲面上单击，即可改变加工方向，完成后右击确认。

⑥ 拾取干涉曲面。如果没有干涉曲面，右击确认，如果有干涉曲面，依状态栏提示，拾取相应的干涉曲面。

⑦ 拾取限制面。如果在加工参数中设置了第一系列限制面或第二系列限制面，则系统将提示用户拾取限制面，单击选择限制面，拾取结束后右击确认。

⑧ 生成刀具轨迹。完成所有选择后右击，系统生成刀具轨迹。其操作步骤如图 5-54 所示。

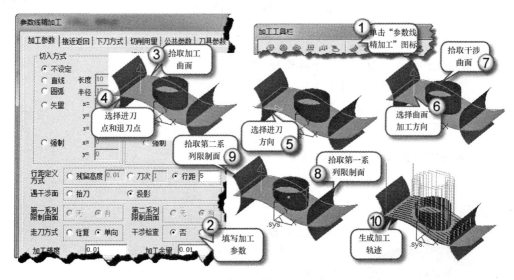

图 5-54　参数线精加工操作步骤

(3) 加工参数

① 限制曲面

第一系列限制曲面：指刀具轨迹的每一行，在刀具恰好碰到限制面时（已考虑干涉余量）停止，即限制每一行刀具轨迹的尾，第一系列限制曲面可由多个面组成。

第二系列限制曲面：限制每一行刀具轨迹的头。如图 5-55 所示。

注意：系统对限制面与干涉面的处理不一样：碰到限制面，刀具轨迹的该行就停止，如图 5-55 所示；碰到干涉面，刀具轨迹让刀，如图 5-56 所示。在不同的场合，应灵活应用，以达到更好的切削质量。

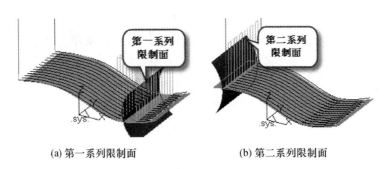

(a) 第一系列限制面　　　　　　(b) 第二系列限制面

图 5-55　限制曲面

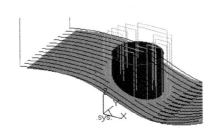

图 5-56　干涉面的处理方法

② 干涉检查

是：对加工的曲面本身作自身干涉检查。

否：对加工的曲面本身不作自身干涉检查。

说明：干涉检查消耗系统资源较大。如果能够确认曲面自身不会发生干涉，最好不进行自身干涉检查，以加快计算速度。

4. 浅平面精加工

(1) 功能

生成浅平面精加工轨迹。

(2) 操作

① 单击"浅平面精加工"按钮 ，或执行"加工"→"精加工"→"浅平面精加工"命令，系统弹出"浅平面精加工"对话框；② 填写加工参数，完成后单击"确定"按钮；③ 系统提示"拾取加工对象"，拾取完成后，右击确认；④ 系统提示"拾取加工边界"，拾取封闭的加工边界曲线，或者直接右击跳过拾取边界曲线，生成的加工轨迹。图 5-57 所示为鼠标的浅平面精加工轨迹。

图 5-57　浅平面精加工轨迹

(3) 加工参数

① 平坦区域识别

【最小角度】输入作为平坦区域的最小角度，输入的数值范围为 0°～90°。

【最大角度】输入作为平坦区域的最大角度，输入的数值范围为 0°～90°。

【延伸量】指从设定的平坦区域向外的延伸量。

改变相邻平坦区域领域间的连接部分（下方向）为抬刀方式：相邻平坦区域的切削路径是否直接连接，到下一个平坦区域切削前，是否设定抬刀后再接近。

② 干涉面

干涉面加工余量：指定干涉面的参与量。

裁剪：在指定的干涉面上做成不干涉刀具的路径。

覆盖：以加工面上的路径为基准，干涉面比该路径高的部分在干涉面上移动，低的部分在基准路径上进行。

5. 限制线精加工

（1）功能

使用限制线，在模型的某一区域内生成精加工轨迹。

（2）操作

① 单击"限制线精加工"按钮，或执行"加工"→"精加工"→"限制线精加工"命令，系统弹出"限制线精加工"对话框；② 填写加工参数，完成后单击"确定"按钮；③ 系统提示"拾取加工对象"，拾取完成后，右击确认；④ 系统提示"拾取限制曲线"，拾取曲线，右击确认；⑤ 系统提示"拾取加工边界"，拾取封闭的加工边界曲线，或者直接右击跳过拾取边界曲线，生成的加工轨迹。

（3）加工参数

① 路径类型

【偏移】使用一条限制线，做成平行于限制线的刀具轨迹。

【法线方向】使用一条限制线，做成垂直于限制线方向的刀具轨迹。

【垂直方向】使用两条限制线，做成垂直于限制线方向的刀具轨迹，加工区域由两条限制线确定。

【平行方向】使用两条限制线，做成平行于限制线方向的刀具轨迹，加工区域由两条限制线确定。

6. 曲线式铣槽

（1）功能

生成曲线式铣槽加工轨迹

（2）操作

① 单击"曲线式铣槽"按钮，或执行"加工"→"槽加工"→"曲线式铣槽"命令，系统弹出"曲线式铣槽"对话框；② 填写加工参数，完成后单击"确定"按钮。③ 系统提示"拾取导向线"，根据提示拾取曲线，完成后右击确认；④ 系统提示"拾取检查线"，根据提示拾取曲线，完成后右击确认，生成的加工轨迹。

（3）加工参数

① 路径类型

【投影到模型】在模型上生成投影路径。选择这一选项必须在交互的时候选择了模型，否则计算失败，并且不能和偏移同时使用。

【投影】设定在生成加工轨迹时是否考虑刀尖的路径。如果考虑刀尖，则在模型表面定义线框形状，可做成不干涉模型的路径。

② 偏移

【左】生成各线框形状箭头方向左侧的偏移路径。

【右】生成各线框形状箭头方向右侧的偏移路径。垂直向下线框时，使用垂直区域前一要素的偏移形状和后一要素的偏移形状间的垂直要素补间处理。在垂直要素的后一要素的矢量优先位置上输出垂直要素。

③ 行间连接方式

当选取多条曲线时，确定刀具轨迹的连接方式。

【距离顺序】依据各条曲线间起点与终点间距离和最优值（尽可能最小），确定刀具轨迹连接顺序。

【生成顺序】依据曲线选择顺序来确定加工路径连接顺序。

④ 执行切入

设定在导向曲线上是否执行复数段加工。

简易铣槽加工：在 Z 方向上，复制指定数（刀次或高度）条导向曲线，形成轨道，然后按照这些轨道生成刀具轨迹。

3D 铣槽加工：在 Z 方向上，按照指定数（刀次或高度）间取导向曲线，形成轨道，然后按照这些轨道生成加工路径。

7. 扫描式铣槽

（1）功能

生成扫描式铣槽加工轨迹。

（2）操作

① 单击"扫描式铣槽"按钮，或执行"加工"→"槽加工"→"扫描式铣槽"命令，系统弹出"扫描式铣槽"对话框；② 填写加工参数，完成后单击"确定"按钮；③ 系统提示"拾取曲线路径"，根据提示拾取曲线，完成后右击确认，生成的加工轨迹。

（3）加工参数

① 开放形状的加工方向

【从外侧进入】刀具从开放端水平切入模型，接触到轮廓线则垂直切出。

【从内侧进入】刀具垂直切入模型，接触到轮廓线则水平切出。

【往复】刀具切入模型一个高度加工后，不切出继续进行下一层的加工。

② 封闭形状的加工方向

【铣孔加单向扫描】槽两端进行孔加工后，中间进行单方向加工。

【双层铣孔加往复扫描】在槽两端，2 倍于 Z 方向指定切深的孔负加工与往复加工交替进行。

【单层铣孔加往复扫描】在 Z 方向每层上进行往复加工。

③ 延迟

设定是否在 NC 数据中添加延迟信息。当选择了开放形状的加工方向中的从外侧进入或者往复、封闭形状的加工方向中的单层铣孔加往复扫描时，延迟信息将被添加到切削结束位置。

④ 路径类型

【投影】选择刀具是否投影与导向线。如果选择投影,则刀具将导向线视作最终形状进行移动;否则,刀具移动到导向线上。

⑤ 导向线类型

选择取出的导向线是作为垂直平面曲线还是作为自由曲线。

【自由曲线】以取出的导向线生成路径。

【垂直平面曲线】通过取出曲线的起点和终点在垂直平面上投影导向曲线,以求出的曲线生成路径。

相关知识——轨迹编辑

轨迹编辑是对已经生成的刀具轨迹和刀具轨迹中的刀位行或刀位点进行增加、删减等,系统提供多种刀具轨迹编辑功能。

1. 轨迹裁剪

(1) 功能

采用曲线对三轴刀具轨迹在 XY 平面进行裁剪。

(2) 操作

① 执行"加工"→"轨迹编辑"→"轨迹裁剪"命令,在弹出立即菜单中选择相应的轨迹裁剪方式;② 依据状态栏提示,拾取要裁剪的三轴刀具轨迹,选择裁剪方向后,系统生成裁剪后的刀具轨迹,如图 5-58 所示。

(3) 加工参数

①【在曲线上】临界刀位点在裁剪曲线上。

②【不过曲线】临界刀位点未到裁剪线一个刀具半径。

③【超过曲线】临界刀位点超过裁剪线一个刀具半径。

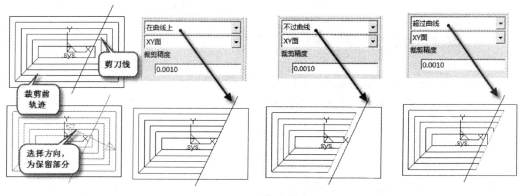

图 5-58 轨迹裁剪

2. 轨迹反向

(1) 功能

对生成的两轴或三轴刀具轨迹中刀具轨迹的走向进行反向,以实现加工中顺、逆铣切换。

（2）操作

① 执行"加工"→"轨迹编辑"→"轨迹反向"命令，在弹出的立即菜单中选择相应的选项；② 拾取需反向的刀具轨迹，系统按立即菜单的选项要求给出反向后的刀具轨迹。

（3）参数

【一行反向】将刀具轨迹中的某一刀具行反向。

【整体反向】将整个刀具轨迹反向。

3．插入刀位点

（1）功能

在三轴刀具轨迹中某刀位点处插入刀位点，如图5-59所示。

（2）操作

① 执行"加工"→"轨迹编辑"→"插入刀位点"命令，在弹出的立即菜单中选择插入类型；② 拾取参考点，拾取插入点，系统给出插入后的刀具轨迹。

（3）参数

【前】在拾取的刀位点前插入一个刀位点。

【后】在拾取的刀位点后插入一个刀位点。

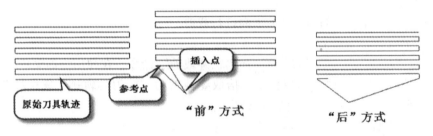

图5-59　插入刀位点

4．删除刀位点

（1）功能

删除三轴刀具轨迹中某一点或某一行。

（2）操作

① 执行"加工"→"轨迹编辑"→"删除刀位点"命令，在弹出的立即菜单中选择删除类型；② 拾取需要删除的刀位点，系统会按照立即菜单给出的方式进行刀位的删除操作。

（3）参数

【刀位点】删除拾取的刀位点。删除某一点后，刀具从删除点的前一点直接以直线方式加工到删除点的后一点，从而跳过此删除点。

【刀位行】删除拾取的刀位点所在的刀具行。拾取被删除行上的任一点，就能删除此行，删除该行后，被删除行的刀位起点和下一行的刀位起点连接在一起。

5．两刀位点间抬刀

（1）功能

将位于三轴刀具轨迹的两点间的所有刀位点删除，并抬刀连接拾取的两刀位点。

（2）操作

① 执行"加工"→"轨迹编辑"→"两刀位点间抬刀"命令；② 拾取需编辑的三轴刀具轨迹，依次拾取两刀位点，系统将两点间的所有刀位点删除，并抬刀连接拾取的两刀位点。

6. 清除抬刀

（1）功能

清除刀具轨迹中的抬刀点。

（2）操作

① 执行"加工"→"轨迹编辑"→"清除抬刀"命令，在弹出的立即菜单中选择清除抬刀的方式；② 拾取需清除抬刀的刀位点或刀具轨迹，系统按立即菜单所给定的方式进行清除抬刀，

（3）参数

【指定清除】清除刀具轨迹中指定的抬刀点。

【全部清除】清除刀具轨迹中所有的抬刀点。

7. 轨迹打断

（1）功能

打断两轴或三轴刀具轨迹，使其成为两段独立的刀具轨迹。

（2）操作

① 执行"加工"→"轨迹编辑"→"轨迹打断"命令；② 拾取需打断的刀具轨迹，拾取打断刀位点，系统将轨迹打断为两段。

8. 轨迹连接

（1）功能

将多段独立的两轴或三轴刀具轨迹连接在一起。

（2）操作

① 执行"加工"→"轨迹编辑"→"轨迹连接"命令；② 依次拾取需连接的两轴或三轴刀具轨迹，拾取结束后右击确认，系统将拾取到的所有轨迹依次连接为一段等距轨迹。

注意：

① 所有的轨迹使用的刀具必须相同。

② 两轴与三轴轨迹不能互相连接。

 项目小结

本项目主要是对曲面类零件进行三轴数控程序的编制，通过对数控加工工艺的分析确定加工工序后，能够选用合适的加工方法来进行自动编程。通过本项目的学习，能够对中等难度的曲面类零件进行数控加工工艺分析和利用计算机辅助软件编制数控加工程序。

项目训练

编制图 5-60～图 5-65 所示零件数控加工程序。

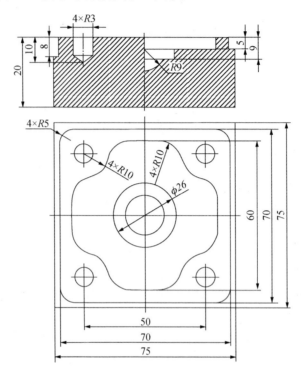

图 5-60　零件图

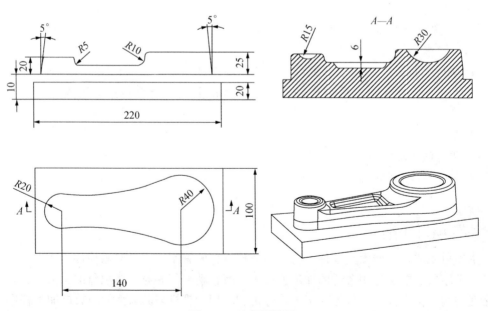

图 5-61　连杆零件图

项目5　曲面类零件的数控铣自动编程

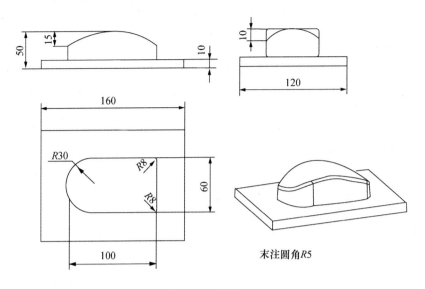

图 5-62　鼠标图

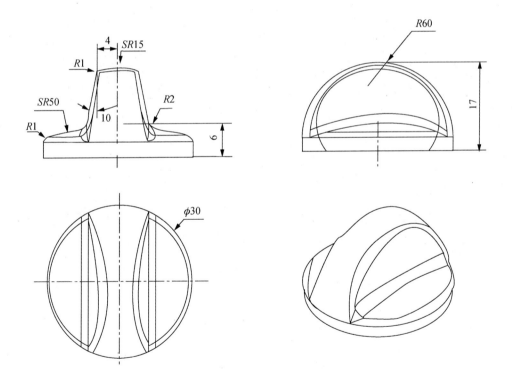

图 5-63　旋钮图1

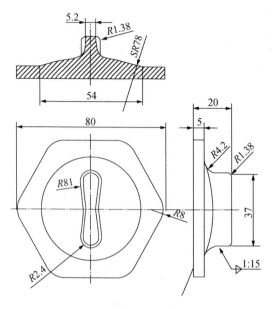

图 5-64 旋钮图 2

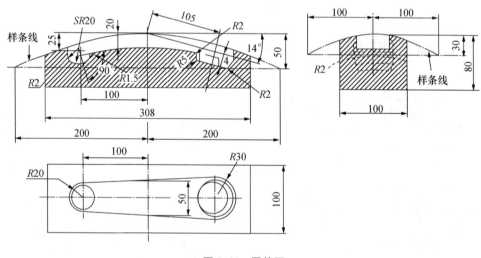

图 5-65 零件图

项目6 数控机床加工仿真

知识目标

通过本项目的学习，了解宇龙仿真软件的应用流程，可以把CAXA制造工程师自动编制的程序导入仿真系统中，进行模拟仿真。

技能目标

学会利用宇龙仿真软件仿真CAXA制造工程师自动编制的程序。

项目描述

现在市场上机床仿真软件很多，国外软件有VERICUT，不仅具有仿真功能，还有程序优化功能；国产软件有斐那克、宇龙、宇航、斯沃等，这些软件以教学功能为主，并具有考试功能以及远程教学功能。现在以宇龙仿真软件为例，说明数控仿真的过程。

【任务要求】 对项目4任务1的数控编制程序进行宇龙仿真。

知识准备

1. 宇龙仿真系统的主要功能

（1）教学功能

机床仿真软件一般具备对数控机床操作全过程和加工运行全环境仿真的功能。可以进行数控编程的教学，能够完成整个加工操作过程的教学，使原来需要在数控设备上才能完成的大部分教学功能可以在这个虚拟制造环境中实现。

（2）考试功能

机床仿真软件一般具备考试功能。考试功能不仅记录了考试的最后结果，还把整个操作过程完整记录下来，通过回放功能可以查看考试的操作全过程。有些机床仿真软件还具备自动评分功能。

（3）远程教学功能

有些机床仿真软件不仅在局域网上具有双向互动的教学功能，还具有基于互联网进行双向互动的远程教学功能。

（4）数控系统

机床仿真软件一般都提供较多的数控系统，包括Fanuc系统、Siemens系统、PA系统、三菱系统、大森数控系统、华中数控系统和广州数控系统,机床包括数控车床、数控铣床、立式和卧式加工中心以及几十种机床面板。

2. 机床仿真软件使用流程

机床仿真软件的主要功能是仿真数控机床操作的全过程和加工运行全环境,其操作过程和操作真实机床的过程一致,一般包括以下步骤:① 启动软件,选择机床;② 开机,机床回参考点;③ 导入程序;④ 安装夹具,夹紧工件;⑤ 装夹刀具;⑥ 对刀操作;⑦ 设置工件坐标系;⑧ 零件自动加工。

操作过程

【步骤1】 启动软件,选择机床

(1) 启动软件

在"开始"菜单中,选择机床仿真软件,启动程序。

(2) 选择机床类型

选择菜单"机床"→"选择机床..."选项,弹出"选择机床"对话框,如图6-1所示。单击"确定"按钮后,显示机床操作面板如图6-2所示。

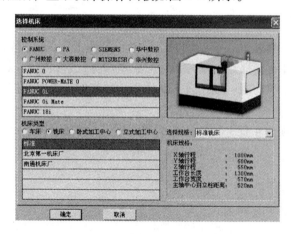

图6-1 "选择机床"对话框

【步骤2】 开机,机床回参考点

(1) 启动机床

单击"启动"按钮,此时机床电机和伺服控制的指示灯变亮。

检查"急停"按钮是否松开至状态,若未松开,单击"急停"按钮,将其松开。

(2) 机床回参考点

检查操作面板上回原点指示灯是否亮,若指示灯亮,则已进入回原点模式;若指示灯不亮,则单击"回原点"按钮,转入回原点模式。

在回原点模式下,先将Z轴回原点,单击操作面板上的"Z轴选择"按钮,使Z轴方向移动指示灯变亮,单击,此时Z轴将回原点,Z轴回原点灯变亮,CRT上的Z坐标变为"0.000"。同样,再分别单击X轴和Y轴方向按钮,使指示灯变亮,单击,此时X轴、Y轴将回原点,X轴、Y轴回原点灯变亮。此时CRT界面,如图6-3所示。

项目6 数控机床加工仿真 ·171·

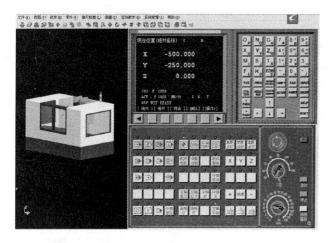

图 6-2 机床操作面板

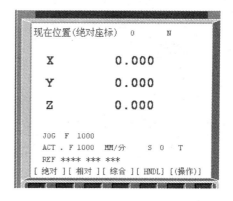

图 6-3 机床回参考点后的坐标值

【步骤3】 导入程序

导入机床仿真软件的数控程序（G 代码）须为文本格式（*.txt 格式）。首先，为防止和机床中已有的程序重名，先将程序文件命名为"O0005.txt"。然后，按以下步骤操作将程序导入数控机床中。

（1）选择菜单"机床"→"DNC 传送"选项，弹出"打开"对话框，找到数控程序"O0005.txt"，如图 6-4 所示，单击"打开"按钮确认。

（2）单击操作面板上的编辑键 ，编辑状态指示灯变亮 ，此时已进入编辑状态。

（3）单击 MDI 键盘上的 ，CRT 界面转入编辑页面。

（4）在编辑页面中，按菜单软键 [(操作)]，在出现的下级子菜单中按软键 ▶，再按菜单软键 [READ]。

（5）在 MDI 键盘上的数字/字母键，输入程序名"O0005"，按软键 [EXEC]，则数控程序被导入并显示在 CRT 界面上，如图 6-5 所示。

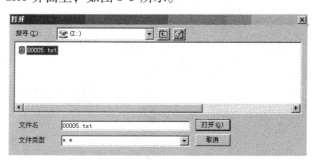

图 6-4 选择 NC 程序

【步骤4】 安装夹具，夹紧工件

（1）设定毛坯

选择菜单"零件"→"定义毛坯"选项或在工具栏上单击"毛坯"按钮 毛坯，系统打开"定义毛坯"对话框，设定毛坯如图 6-6 所示。

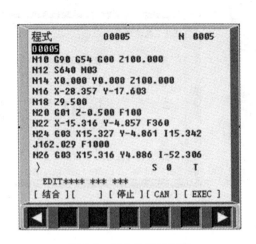
图6-5 导入的数控程序

图6-6 "定义毛坯"对话框

（2）选择夹具

执行菜单"零件"→"安装夹具"命令或者在工具栏上单击 图标，打开"选择夹具"对话框，如图6-7所示。

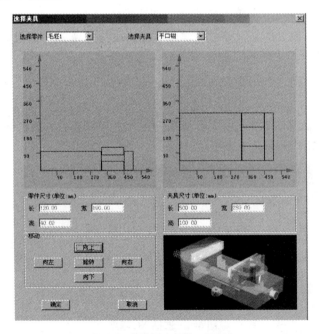
图6-7 "选择夹具"对话框

"夹具尺寸"输入框显示的是系统提供的尺寸，用户可以修改平口钳的尺寸。

"移动"按钮供操作者调整毛坯在夹具上的位置。使用"向上"按钮，将毛坯向上移动至图所示位置。

（3）放置零件

执行菜单"零件"→"放置零件"命令或者在工具栏上单击 图标，系统弹出"选择零件"对话框,如图6-8所示。

图6-8 "选择零件"对话框

在列表中单击"毛坯1",选中的零件信息加亮显示,单击"安装零件"按钮,系统自动关闭该对话框,零件和夹具(如果已经选择了夹具)将被放到机床上。

(4)调整零件位置

零件可以在工作台面上移动。毛坯放上工作台后,系统将自动弹出一个小键盘,如图6-9所示。通过单击小键盘上的方向按钮,实现零件的平移和旋转。小键盘上的"退出"按钮用于关闭小键盘。选择菜单"零件"→"移动零件"选项也可以打开小键盘。请在执行其他操作前关闭小键盘。

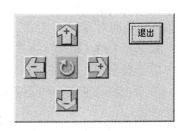

图6-9 调整零件位置的小键盘

【步骤5】 装夹刀具

选择菜单"机床"→"选择刀具"选项或者在工具栏中单击 按钮,系统弹出"选择刀具"对话框,如图6-10所示。

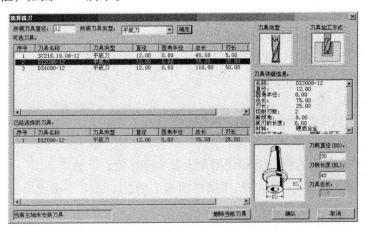

图6-10 "选择刀具"对话框

(1)按条件列出刀具
① 在"所需刀具直径"输入框内输入刀具直径;
② 在"所需刀具类型"选择列表中选择"平底刀"选项;
③ 单击"确定"按钮,符合条件的刀具在"可选刀具"列表中显示。
(2)选择需要的刀具
在"可选刀具"列表中单击所需刀具"DZ2000-12",选中的刀具对应显示在"已经选择的刀具"列表中，选中的刀位号所在行。

(3) 输入刀柄参数

可以按需要输入刀柄参数。参数有刀柄直径和刀柄长度 2 个。总长度是刀柄长度与刀具长度之和。

(4) 确认选刀

选择完刀具，单击"确认"按钮完成选刀操作。被选择的刀具被自动添加到数控铣床主轴上。

【步骤6】 对刀操作

按以下步骤操作进行试切法对刀（也可使用其他方法对刀），工件坐标原点位于毛坯表面中心。

(1) X 向对刀

① 选择菜单"机床"→"选择刀具"选项或单击工具栏上的小图标 ![]，选择所需刀具。

② 选择菜单"视图"→"选项"选项，选中"声音开"和"铁屑开"选项。

③ 单击操作面板中的 ![] 按钮进入"手动"方式，单击操作面板上的 ![] 或 ![] 按钮，使主轴转动。

④ 单击 MDI 键盘上的 ![POS] 按钮，使 CRT 界面上显示坐标值；借助【视图】菜单中的动态旋转、动态放缩、动态平移等工具，利用操作面板上的 ![X]、![Y]、![Z] 和 ![+]、![-] 按钮，将机床移到如图 6-11 所示的大致位置。

⑤ 移动到大致位置后，可采用手动脉冲方式移动机床，单击操作面板上的"手动脉冲"按钮 ![] 或 ![]，使手动脉冲指示灯变亮 ![]，采用手动脉冲方式精确移动机床，单击 ![回] 图标显示手轮 ![]，将手轮对应轴旋钮 ![] 置于 X 挡，调节手轮进给速度旋钮 ![]，在手轮 ![] 上单击鼠标左键或右键精确移动刀具，直至切削零件声音刚响起时停止。

⑥ 记下此时 CRT 界面中的 X 坐标，作为刀具中心的 X 坐标。记录将定义毛坯数据时设定的零件的长度，以及刀具直径。则工件上表面中心的 X 的坐标为"刀具中心的 X 的坐标-零件长度的一半-刀具半径"。

(2) Y 向对刀

Y 向对刀采用同样的方法。得到工件中心的 Y 坐标。

(3) Z 向对刀

① 单击 MDI 键盘上的 ![POS]，使 CRT 界面上显示坐标值；借助"视图"菜单中的动态旋转、动态放缩、动态平移等工具，利用操作面板上的 ![X]、![Y]、![Z] 和 ![+]、![-] 按钮，将机床移到如图 6-12 所示的大致位置。

② 移动到大致位置后，可采用手动脉冲方式移动机床，单击操作面板上的"手动脉冲"按钮 ![] 或 ![]，使手动脉冲指示灯变亮 ![]，采用手动脉冲方式精确移动机床，单击 ![回] 图标显示手轮 ![]，将手轮对应轴旋钮 ![] 置于 Z 挡，调节手轮进给速度旋钮 ![]，在手轮 ![] 上单击鼠标左键或右键精确移动刀具，直至切削零件声音刚响起时停止。

③ 记下此时 CRT 界面中的 Z 坐标，此值为工件表面一点处 Z 的坐标值。

【步骤7】 设定工件坐标系

将通过试切法得到的工件坐标原点在机床坐标系中的坐标值，并输入到 G54 中。

① 在 MDI 键盘上单击 ![OFFSET SETTING] 键，按软键"坐标系"进入坐标系参数设定界面，如图6-13 所示。

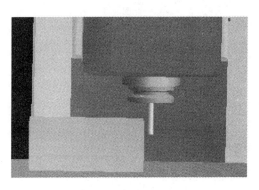 

图 6-11　X 轴对刀位置　　　　　　　　图 6-12　Z 轴对刀位置

② 用方位键 ↑ ↓ ← → 将光标移到 G54 坐标系 X 的位置，在 MDI 键盘上输入坐标值，按软键"输入"或按 INPUT，参数输入到指定区域。

③ 单击 ↓，将光标移到 Y 的位置，输入"-415.00"，按软键"输入"或按 INPUT，参数输入到指定区域。

④ 同样的可以输入 Z 的值。此时 CRT 界面如图 6-14 所示。

图 6-13　坐标系参数设定界面　　　　　　图 6-14　工件坐标原点

【步骤 8】　零件自动加工

单击操作面板上的"自动运行"按钮 ，使其指示灯变亮 。单击操作面板上的"循环启动"按钮 ，程序开始执行，在图形窗口显示加工过程。

项目小结

本项目主要说明了利用宇龙仿真系统对数控铣自动编制的程序进行仿真的过程，从而了解自动编制的程序的零件的数控加工过程。

项目训练

对项目 4 与项目 5 中的所有实例进行数控程序仿真。

附 录

附表1 FANUC数控系统G代码功能一览表

G代码	组别	功能	附注	G代码	组别	功能	附注
G00	01	快速定位	模态	G50	00	工件坐标原点设置 最大主轴速度设置	非模态
						局部坐标系设置	非模态
G01	01	直线插补	模态	G52		机床坐标系设置	非模态
G02		顺时针圆弧插补	模态	G53		第一工件坐标系设置	模态
G03		逆时针圆弧插补	模态	*G54		第二工件坐标系设置	模态
G04		暂停	非模态	G55		第三工件坐标系设置	模态
*G10	00	数据设置	模态	G56	14	第四工件坐标系设置	模态
G11		数据设置取消	模态	G57		第五工件坐标系设置	模态
G17		XY平面选择	模态	G58		第六工件坐标系设置	模态
G18	16	ZX平面选择（缺省）	模态	G59		第七工件坐标系设置	模态
G19		YZ平面选择	模态	G65	00	宏程序调用	非模态
G20	06	英制（in）	模态	G66	12	宏程序模态调用	模态
G21		米制（mm）	模态	*G67		宏程序模态调用取消	模态
*G22	09	行程检查功能打开	模态	G73		高速深孔钻孔循环	非模
G23		行程检查功能关闭	模态	G74	00	左旋攻螺纹循环	非模态
*G25	08	主轴速度波动检查关闭	模态	G75		精镗循环	非模态
G26		主轴速度波动检查打开	非模态	*G80		固定循环取消	模态
G27		参考点返回检查	非模态	G81		钻孔循环	模态
G28	00	参考点返回	非模态	G84		攻螺纹循环	模态
G31		跳步功能	非模态	G85	10	镗孔循环	模态
*G40		刀具半径补偿取消	非模态	G86		镗孔循环	模态
G41	07	刀具半径左补偿	模态	G87		背镗循环	模态
G42		刀具半径右补偿	模态	G89		镗孔循环	模态
G43		刀具长度正补偿	模态	G90		绝对坐标编程	模态
G44	00	刀具长度负补偿	模态	G91	01	增量坐标编程	模态
G49		刀具长度补偿取消	模态	G92		工件坐标原点设置	模态

注：当机床电源打开或按重置键时，标有"*"号的G代码被激活，即缺省状态。

附表 2　FANUC 数控系统 M 代码功能一览表

M 代码	功　能	附　注	M 代码	功　能	附　注
M00	程序停止	非模态	M30	程序结束并返回	非模态
M01	程序选择停止	非模态	M31	旁路互锁	非模态
M02	程序结束	非模态	M32	润滑开	模态
M03	主轴顺时针旋转	模态	M33	润滑闭	模态
M04	主轴逆时针旋转	模态	M52	自动门打开	模态
M05	主轴停止	模态	M53	自动门关闭	模态
M06	换刀	非模态	M74	错误检测功能打开	模态
M07	冷却液打开	模态	M75	错误检测功能关闭	模态
M08	冷却液关闭	模态	M98	子程序调用	模态
M10	夹紧	模态	M99	子程序调用返回	模态

附表 3　编码字符的含义

字符	含　义	字符	含　义
A	关于 X 轴的角度尺寸	O	程序编号
B	关于 Y 轴的角度尺寸	P	平行于 X 轴的第三尺寸或固定循环参数
C	关于 Z 轴的角度尺寸	Q	平行于 Y 轴的第三尺寸或固定循环参数
D	刀具半径偏置号	R	平行于 Z 轴的第三尺寸或固定循环参数
E	第二进给功能（即进刀速度，单位 mm/min）	S	主轴速度功能（表示转速，单位 r/min）
F	第一进给功能（即进刀速度，单位 mm/min）	T	第一刀具功能
G	准备功能	U	平行于 X 轴的第二尺寸
H	刀具长度偏置号	V	平行于 Y 轴的第二尺寸
I	平行于 X 轴的插补参数或螺纹导程	W	平行于 Z 轴的第二尺寸
J	平行于 Y 轴的插补参数或螺纹导程	X	基本尺寸
L	固定循环返回次数或子程序返回次数	Y	基本尺寸
M	辅助功能	Z	基本尺寸
N	顺序号（行号）	—	—

参考文献

[1] 吴明友. 数控加工自动编程——UGNX 详解 [M]. 北京：清华大学出版社，2008.
[2] 沈建峰，朱勤惠. 数控铣床技能鉴定考点分析和试题集萃 [M]. 北京：化学工业出版社，2008.
[3] 陈海周. 数控铣削加工宏程序及应用实例 [M]. 北京：机械工业出版社，2008.
[4] 数控加工技师手册编写组. 数控加工技师手册 [M]. 北京：机械工业出版社，2005.
[5] 周玮. CAXA 制造工程师 2008 应用与实例教程 [M]. 北京：北京大学出版社，2010.
[6] 徐伟，苏丹. 数控机床仿真实训 [M]. 北京：电子工业出版社，2009.
[7] 刘颖. CAXA 制造工程师 2006 实例教程 [M]. 北京：清华大学出版社，2006.
[8] 周虹. 数控编程实训 [M]. 北京：人民邮电出版社，2008.
[9] 温正，魏建中. UGNX6.0 数控加工 [M]. 北京：科学出版社，2008.
[10] 彭志强，等. CAXA 制造工程师 2006 实用教程 [M]. 北京：化学工业出版社，2008.
[11] 姬彦巧，等. CAD/CAM 应用技术 [M]. 北京：化学工业出版社，2010.
[12] 史立峰. CAD/CAM 应用技术 [M]. 北京：中央电大出版社，2011.
[13] 何煜琛，等. 三维 CAD 习题集 [M]. 北京：清华大学出版社，2011.
[14] 袁锋. 计算机辅助设计与制造实训图库 [M]. 北京：机械工业出版社，2009.